浙江省普通本科高校"十四五"重点教材

COLLEGE
MATHEMATICS
for Liberal Arts

大学文科数学

王工一　◎主编

ZHEJIANG UNIVERSITY PRESS
浙江大学出版社
·杭州·

图书在版编目（CIP）数据

大学文科数学 / 王工一主编. —杭州：浙江大学
出版社，2023.11
ISBN 978-7-308-23575-4

Ⅰ．①大… Ⅱ．①王… Ⅲ．①高等数学－高等学校－
教材 Ⅳ．①O13

中国国家版本馆 CIP 数据核字（2023）第 217002 号

DAXUE WENKE SHUXUE

大学文科数学

王工一　主编

责任编辑	徐　霞（xuxia@zju.edu.cn）
责任校对	秦　瑕
封面设计	春天书装
出版发行	浙江大学出版社
	（杭州市天目山路 148 号　邮政编码 310007）
	（网址：http://www.zjupress.com）
排　　版	杭州晨特广告有限公司
印　　刷	浙江临安曙光印务有限公司
开　　本	787mm×1092mm　1/16
印　　张	9.5
字　　数	203 千
版印次	2023 年 11 月第 1 版　2023 年 11 月第 1 次印刷
书　　号	ISBN 978-7-308-23575-4
定　　价	36.00 元

内容提要

本教材以微积分为基本内容，具体包括函数、极限与连续、导数与微分、导数的应用、不定积分、定积分及其应用等内容，书末附有常用初等数学公式、基本导数公式和不定积分公式.

本教材从文科学生的实际出发，吸收教育数学理念，淡化深奥的数学理论和复杂的证明，强化几何直观说明，注重文科学生的数学体验，重视课程思政元素的有机渗透.

本教材在"学银在线"公共慕课平台上配有相应课程网站，内含授课视频、课件等多种学习资源，读者可在"学银在线"搜索"文科数学"课程或"高等数学 E"课程，选择"王工一"为课程负责人的相应课程，并加入相应期次的学习.

本教材可供高等院校文科专业和建筑学等专业的本、专科生学习"文科数学""高等数学"课程使用，尤其适合地方院校学生使用.

前　　言

　　我在地方高校对商务英语、英语教育、建筑学等文科学生和文理兼招专业的学生开设"文科数学"已有多年，一直在寻找一本适合这批学生的"大学文科数学"教材，可惜没有找到．所以只能用"高等数学"教材代替，而这些教材普遍内容较多、难度较大，对于这些文科学生和文理兼招专业的学生来说，还是显得"太难、太全、太细"，在实际教学中只能"选择性"进行授课．即使是书名为《文科数学》的教材，或者书名为《高等数学（文科类）》的教材，对于地方高校的文科生和文理兼招专业的学生还是显得太难了．

　　本教材选取具有数学代表性的微积分作为基本内容，在编写中注意吸收教育数学理念，淡化深奥的数学理论和复杂的证明，强化几何直观说明，注重学生的数学体验．"教育数学"的提法是数学家、中国科学院院士张景中先生1989年在《从数学教育到教育数学》一书中首次提出的，改造数学使之适宜于教学和学习是教育数学为自己提出的任务．《大学文科数学》的授课对象是文科学生，总体来说，他们的数学基础不如理工科学生，因此渗透教育数学理念，改造《大学文科数学》教学内容，不仅可能，而且必须．本教材也力争将数学精神、数学史、数学家故事等数学文化相关内容有机渗透到全书各章节中．

　　本教材的编写力求有机渗透课程思政元素，主要体现在以下几个方面．

　　一是紧紧抓住数学学科本身特有的育人元素：数学具有独特的学科特色和功能，运用数学特有的思想方法，有利于培养学生的辩证唯物主义思想、严谨逻辑推理能力、坚忍不拔的意志品格等非智力因素．如极限思想既是有限与无限的对立统一，又是近似与精确的对立统一．

　　二是重视数学文化中的育人元素：利用数学文化元素，帮助学生树立正确的世界观、人生观、价值观，追求科学的方法论，教育学生正确对待挫折，训练学生自信自强、守正创新、踔厉奋发、勇毅前行的品质，培养学生的爱国情操．

　　三是借助数学定理、推论、结论等，引申到思想政治教育，如介绍定积分原理时，强调其体现量变到质变的规律．

本教材在每一章的最后，专门设置了空白的"本章学习小结"，让读者自己总结一章的学习内容，提炼知识，反思学习得失，以便使知识在读者的大脑中网络化.

在本教材编写过程中，笔者参阅了不少中外文献，有的已经在参考文献中标明，有的未一一列出，在此对这些中外文献的作者和编者表示衷心的感谢！另外，衢州学院对本教材的出版给予了大力支持，在此也一并表示衷心的感谢！

王工一
2023 年 9 月于衢江之畔

目　　录

第1章　函数、极限与连续

1.1　函数

1.1.1　函数的概念

我们在中学已经学过不少与函数相关的内容了. 函数从量的角度对自然现象或社会现象中的运动变化等依存关系进行抽象、概括、简洁的描述，一个等式道尽"沧海桑田". 学好函数知识既可以让我们面对大千世界时，由此及彼，从一个现象推断出另一个现象，也可以让我们透过现象看本质，知其然，并知其所以然.

在某个特定的自然现象或社会现象中，往往同时有几个变量不断发生变化，这些变量并不是孤立地发生变化，而是相互关联，并且遵循特定的规律，函数就是描述变量之间依存关系的一个法则. 所以从某种意义上说，掌握了函数，就是掌握了法则，掌握了规律.

定义　设给定非空数集 D，如果按照某个对应法则，对于 D 中的每一个数 x，都有唯一确定的实数 y 与之对应，则称 y 是定义在 D 上的 x 的**函数**，记作

$$y = f(x), \quad x \in D.$$

其中，x 称为自变量；y 称为因变量；x 的取值范围，也就是集合 D，称为函数的定义域；y 的取值范围称为函数的值域；f 是对应法则，这个对应法则是施加在小括号内的对象上的，在这里就是 x.

函数的两个关键要素是定义域和对应法则，判断两个函数是否为同一个函数的方法就是看这两个要素是否都相同.

如果两个函数的定义域不同，则这两个函数一定不是同一个函数. 比如，函数 $y = x^2$，它的定义域是全体实数；函数 $y = x^2, x \geqslant 0$，它的定义域是大于等于 0 的实数. 虽然这两个函数在形式上都是 $y = x^2$，但它们的定义域不同，所以不是相同的函数.

从图像上也可以清楚地看出(见图 1-1),函数 $y = x^2, x \geqslant 0$ 只是函数 $y = x^2$ 的一部分：

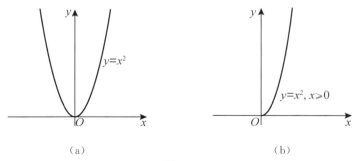

（a）　　　　　　　　　　（b）

图 1-1

对应法则 f 形式上可以不同,但只要定义域中的每一个 x 所对应的 y 值都相同,那么这两个对应法则实际上就是相同的对应法则.

如 $y = |x|$ 和 $y = \sqrt{x^2}$,这两个函数的对应法则虽然形式上有差异,但本质上是相同的,它们的定义域也一样,所以它们就是相同的函数.

1.1.2 函数的表示法

函数的常用表示法有解析法、表格法、图示法等.

1. 解析法

解析法也称公式法,是指用一个或多个数学式子来表示自变量和因变量的对应法则的方法,如 $y = \sqrt{x^2}$ 等.

解析法的优点是简洁而全面地呈现了自变量和因变量的关系,对任何一个自变量都可以通过公式解得因变量的值；其缺点是比较抽象,因变量随自变量变化的轨迹不是那么一目了然. 我们中学及之后所讨论的函数,大多数都是用这种方法来表示的.

2. 表格法

表格法是指把自变量的一系列值与对应的函数值列成表格的表示方法,例如平方表、常用对数表、每天的最高气温表、每月的工资表等.

表格法的优点是表格上呈现的任何一个自变量,都有与之对应的因变量,两者之间的关系一目了然；其缺点是表格终究有限,一般情况下,无法列出所有自变量和因变量的对应值.

3. 图示法

图示法是指在坐标系中,将自变量和因变量之间的对应关系用图像表示出来的方法.

图示法的优点是简明直观,变化轨迹一目了然;其缺点是不便于进行理论上的分析和研究,一般情况下,只能画出函数的某一段,难以画出整个函数的图像.

一个函数,在其定义域的不同部分可用不同的解析式表示,这种形式的函数称为**分段函数**.常见的分段函数包括符号函数、绝对值函数、取整函数等.

例 1 符号函数 $y = \mathrm{sgn}\, x = \begin{cases} 1, & x > 0, \\ 0, & x = 0, \\ -1, & x < 0, \end{cases}$ 它的定义域是 $D = (-\infty, +\infty)$,

它的图像如图 1-2 所示.

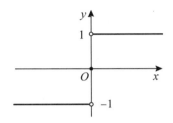

图 1-2

例 2 绝对值函数 $y = |x| = \begin{cases} -x, & x < 0, \\ x, & x \geqslant 0, \end{cases}$ 它的定义域 $D = (-\infty, +\infty)$,

它的图像如图 1-3 所示.

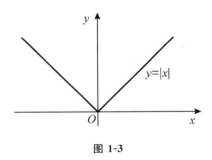

图 1-3

例 3 取整函数 $y = [x]$,表示不超过 x 的最大整数,它的定义域是 $D = (-\infty, +\infty)$,它的图像如图 1-4 所示.

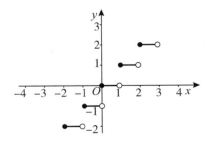

图 1-4

1.1.3 函数的基本性质

1.函数的奇偶性

设函数的定义域 D 关于原点对称,则:

若 $\forall x \in D$,有 $f(-x)=f(x)$,则称 $f(x)$ 为 D 上的偶函数;

若 $\forall x \in D$,有 $f(-x)=-f(x)$,则称 $f(x)$ 为 D 上的奇函数.

例如,函数 $y=x^3$ 与 $y=\tan x$ 在 **R** 上都是奇函数;函数 $y=x^2$ 与 $y=\cos x$ 在 **R** 上都是偶函数.

奇函数的图像关于原点对称;偶函数的图像关于 y 轴对称.

2.函数的周期性

若 $\exists T>0$,满足 $f(x+T)=f(x)$,则称 T 为函数 $f(x)$ 的周期.

一般地,我们所说的周期函数的周期是指最小正周期.如 $y=\cos x$ 的周期一般就是指它的最小正周期,即 2π.

3.函数的有界性

若 $\exists M>0$,使得 $\forall x \in D$,有 $|f(x)| \leqslant M$,则称函数 $f(x)$ 在 D 上有界;否则称为无界.

例如,$y=\sin x$ 和 $y=\cos x$ 就是有界函数,$y=\tan x$ 和 $y=\cot x$ 就是无界函数.

4.函数的单调性

若 $\forall x_1, x_2 \in D$,且 $x_1<x_2$,有:

$f(x_1)<f(x_2)$,则称函数在区间 D 上单调递增;

$f(x_1)>f(x_2)$,则称函数在区间 D 上单调递减.

例如,$y=x^2$ 在 $(-\infty,0]$ 上单调递减,在 $[0,+\infty)$ 上单调递增,则该函数在 $(-\infty,+\infty)$ 上不是单调函数.

1.1.4 复合函数

我们在中学物理课中学过:自由落体物体的动能 E 是速度 v 的函数,$E=\dfrac{1}{2}mv^2$;而速度 v 又是时间 t 的函数,$v=gt$;则物体的动能 E 与 t 的关系 $E=\dfrac{1}{2}m(gt)^2$,可以看作由函数 $E=\dfrac{1}{2}mv^2$ 与函数 $v=gt$ 复合而成.

一般地,设 $y=f(u)$ 的定义域为 U_1,函数 $u=\varphi(x)$ 的值域为 U_2,且 $U_2 \subseteq U_1$,那么 y 通过 u 的联系成为 x 的函数,则称 y 为 x 的**复合函数**,记为

$$y=f[\varphi(x)].$$

其中，$y = f(u)$ 叫作外函数；$u = \varphi(x)$ 叫作内函数；u 叫作中间变量.

这里要注意的是，两个函数构成复合函数的关键是内函数的值域一定要在外函数的定义域中.

例如，函数 $y = f(u) = \sqrt{u}$ 的定义域 $D_f = [0, +\infty)$，函数 $u = \varphi(x) = 1 - x^2$ 的定义域 $D_\varphi = (-\infty, +\infty)$；由于 $u = \varphi(x)$ 的值域 $R_\varphi = (-\infty, 1] \not\subset D_f$，故不能把中间变量代入. 如果要使该复合函数有意义，必须把 R_φ 限制在 $[0, 1]$，为此必须限制 φ 的定义域为 $[-1, 1]$. 于是得复合函数

$$y = \sqrt{1 - x^2}, \quad x \in [-1, 1].$$

1.1.5 反函数

定义   设 $y = f(x)$ 为定义在 D 上的函数，其值域为 W，若对于数集 W 中的每个数 y，数集 D 中都有唯一的一个数 x 使 $f(x) = y$，这就是说变量 x 是变量 y 的函数，则这个函数称为函数 $y = f(x)$ 的**反函数**，记为

$$x = f^{-1}(y),$$

其定义域为 W，值域为 D.

但是由于习惯上我们都是用 x 表示自变量，用 y 表示因变量，所以函数 $y = f(x)$ 的反函数 $x = f^{-1}(y)$ 一般用 $y = f^{-1}(x)$ 表示.

函数 $y = f(x)$ 和函数 $x = f^{-1}(y)$ 其实只是一个"变形"，本质上 x 和 y 的关系并没有变，所以它们的图像是一样的. 当反函数用 $y = f^{-1}(x)$ 来表示时，刚好将 x 和 y 互换，所以，函数 $y = f(x)$ 与反函数 $y = f^{-1}(x)$ 在同一平面内的图像关于直线 $y = x$ 是对称的.

例 4*   求函数 $y = \dfrac{e^x}{e^x + 1}$ 的反函数.

解   由 $y = \dfrac{e^x}{e^x + 1}$ 可解得：

$$x = \ln \frac{y}{1 - y},$$

交换 x, y 的位置，得所求函数的反函数为：

$$y = \ln \frac{x}{1 - x}, \quad x \in (0, 1).$$

下面再给大家介绍四个常见的反三角函数.

1. 反正弦函数

正弦函数 $y = \sin x$ 在 $\left[-\dfrac{\pi}{2}, \dfrac{\pi}{2}\right]$ 上的反函数，叫作**反正弦函数**，记作 $\arcsin x$，表示

一个正弦值为 x 的角, 该角的范围在 $\left[-\dfrac{\pi}{2}, \dfrac{\pi}{2}\right]$ 区间内. $y = \arcsin x$ 的定义域是 $[-1, 1]$, 值域是 $\left[-\dfrac{\pi}{2}, \dfrac{\pi}{2}\right]$.

2. 反余弦函数

余弦函数 $y = \cos x$ 在 $[0, \pi]$ 上的反函数, 叫作**反余弦函数**, 记作 $\arccos x$, 表示一个余弦值为 x 的角, 该角的范围在 $[0, \pi]$ 区间内. $y = \arccos x$ 的定义域是 $[-1, 1]$, 值域是 $[0, \pi]$.

3. 反正切函数

正切函数 $y = \tan x$ 在 $\left(-\dfrac{\pi}{2}, \dfrac{\pi}{2}\right)$ 内的反函数, 叫作**反正切函数**, 记作 $\arctan x$, 表示一个正切值为 x 的角, 该角的范围在 $\left(-\dfrac{\pi}{2}, \dfrac{\pi}{2}\right)$ 区间内. $y = \arctan x$ 的定义域是 $\mathbf{R}$, 值域是 $\left(-\dfrac{\pi}{2}, \dfrac{\pi}{2}\right)$.

4. 反余切函数

余切函数 $y = \cot x$ 在 $(0, \pi)$ 内的反函数, 叫作**反余切函数**, 记作 $\operatorname{arccot} x$, 表示一个余切值为 x 的角, 该角的范围在 $(0, \pi)$ 区间内. $y = \operatorname{arccot} x$ 的定义域是 $\mathbf{R}$, 值域是 $(0, \pi)$.

1.1.6 隐函数

如果函数的因变量 y 是由含有自变量 x 的数学式子直接表示为 $y = f(x)$ 形式的, 如 $y = \cot x$, $y = x^2 + 3x - 2$ 等, 则用这种方法表示的函数称为**显函数**.

如果变量 x, y 之间的相互依存关系是由某一个二元方程 $F(x, y) = 0$ 给出的, 如 $x^2 + y^2 - 1 = 0$, $y - \dfrac{x}{\ln y} = 0$ 等, 则用这种方法表示的函数称为**隐函数**.

有些隐函数可以改写成显函数的形式, 而有些隐函数不能改写成显函数的形式. 把隐函数改写成显函数, 叫作**隐函数的显化**.

1.1.7 初等函数

我们在中学数学中已经学过下面四类函数:

指数函数: $y = a^x$ $(a > 0, a \neq 1)$;

幂函数: $y = x^\mu$ $(\mu 为实数)$;

对数函数: $y = \log_a x$ $(a > 0, a \neq 1)$;

三角函数: $y = \sin x$, $y = \cos x$, $y = \tan x$, $y = \cot x$, $y = \sec x$, $y = \csc x$.

本章我们又学习了反三角函数: $y = \arcsin x$, $y = \arccos x$, $y = \arctan x$, $y = \operatorname{arccot} x$.

以上五类函数统称为**基本初等函数**.

由常数和基本初等函数经过有限次的四则运算和有限次的函数复合步骤,并可以用一个式子表示的函数,称为**初等函数**.

例如,$y = \ln(x + \sqrt{1+x^2})$,$y = 3 + \arcsin x$ 等都是初等函数;多项式函数

$$p_n(x) = a_0 x^n + a_1 x^{n-1} + \cdots + a_{n-1} x + a_n, \quad x \in (-\infty, +\infty)$$

也是初等函数;有理分式函数 $\dfrac{P_n(x)}{Q_m(x)}$,其定义域是 $\mathbf{R}$ 中去掉使 $Q_m(x) = 0$ 的根后的数集,也是初等函数.

 习题 1.1

1.下列各题中,函数 $f(x)$ 和 $g(x)$ 是否相同?为什么?

(1) $f(x) = \log_2 x^2$, $\qquad g(x) = 2\log_2 x$;

(2) $f(x) = \dfrac{x^2 - 4}{x - 2}$, $\qquad g(x) = x + 2$;

(3) $f(x) = x$, $\qquad g(x) = \sqrt{x^2}$;

(4) $f(x) = x, \quad x \geqslant 0,$ $\qquad g(x) = \sqrt{x^2}$.

2.已知 $f(x+1) = 2x^2 + 3x - 5$,求 $f(x)$,$f(x-3)$.

3.画出函数 $y = 3[x]$ 的图像.

4.下列函数是由哪些简单函数复合而成的?

(1) $y = \ln(3x + 5)^2$;

(2) $y = \cos^3(2x - 1)$;

(3) $y = \ln\sqrt{x^2 + 3}$;

(4) $y = \operatorname{arccot}[\ln(x+3)^2]$.

5.求 $y = x^2 - 2x, x \in [1, +\infty)$ 的反函数,并在同一直角坐标系中画出原函数和反函数的图像.

1.2 极限的概念

1.2.1 数列的极限

极限思想在我国古代早已有之,《庄子·天下》中的"一尺之棰,日取其半,万世不竭"和刘徽的割圆术"割之弥细,所失弥少,割之又割,以至于不可割,则与圆合体,而无所失矣"都是极限思想的典型应用.

极限思想可以帮助我们看清事物的发展趋势,极限让我们跨越了从有限到无限的鸿沟.从有限的世界到无限的世界,是一个质的转变,很多事情会发生根本的变化,无限世界将打破很多有限世界的"常理",在有限世界里"近似"的东西,一旦经过"极限"到达无限世界,将突变成"精准".

我们通过刘徽的割圆术来"窥一斑"而见"全豹":

设有一圆,首先作圆内接正六边形,把它的面积记为 x_1;再作圆内接正十二边形,把它的面积记为 x_2;再作圆内接正二十四边形,把它的面积记为 x_3;如此下去,从正六边形开始,每次边数加倍,第 n 次作正 $6 \cdot 2^{n-1}$ 边形,把它的面积记为 x_n.这样就得到有关圆内接正多边形面积的数列:

$$x_1, x_2, x_3, \cdots, x_n, \cdots.$$

任何一个 x_n 都是圆面积的近似值,但随着 n 的增大,x_n 与圆面积的差异将越来越小,当 n 无限增大时,"则与圆合体,而无所失矣".圆面积的值就是 $\{x_n\}$ 这个数列的极限值.

柯西和魏尔斯特拉斯等人建立的极限理论,就是用"ε—δ 语言"来叙述一系列极限定义.下面给出函数当 $x \to x_0$ 时的极限定义:

设函数 $f(x)$ 在点 x_0 的某一去心邻域内有定义,若 $\exists a, \forall \varepsilon > 0, \exists \delta > 0$,使得当 $0 < |x - x_0| < \delta$ 时,有 $|f(x) - a| < \varepsilon$,则 a 就叫作函数 $f(x)$ 当 $x \to x_0$ 时的**极限**,记为

$$\lim_{x \to x_0} f(x) = a.$$

这个定义非常经典、非常严谨,数学的严谨性、简洁性、科学性等特性在此得以充分展示.毫不夸张地说,这是微积分学中最精彩的定义之一.但是由于它的逻辑结构十分复杂,一直以来都是公认的微积分入门学习的难点.美国数学家斯皮瓦克在其所写的一本著名的微积分教材中,竟无可奈何地要求学生不管明不明白,都要把关于极限概念的"ε—δ 语言"定义"像背一首诗一样背下来,这样做,至少比把它说错来得

强".波利亚在《数学与猜想》中也提到,有些工科学生顾不上 ε—δ 证明,对 ε—δ 证明没有兴趣,教给他们的微积分规则就像是从天上掉下来的.

在欣赏了用"ε—δ 语言"叙述的极限的严格定义后,我们再用极限的描述性定义来帮助理解一系列极限定义.首先学习关于数列极限的定义.

定义　当 n 无限增大时,数列 $\{x_n\}$ 的通项 x_n 的值无限接近某一确定的常数 a,则称当 n 趋向于无穷大时数列 $\{x_n\}$ 以 a 为极限,记作

$$\lim_{n\to\infty} x_n = a \quad \text{或} \quad x_n \to a(n\to\infty).$$

这时称这个数列是收敛数列;否则,称它是发散数列.

例 1　观察下列数列的变化趋势,并写出收敛数列的极限.

(1) $\{x_n\} = \left\{3 - \dfrac{1}{n^2}\right\}$;

(2) $\{x_n\} = \left\{\sin\dfrac{n\pi}{2}\right\}$;

(3) $\{x_n\} = \{(-1)^{n+1}\}$;

(4) $\{x_n\} = \{2n\}$.

解　(1) 当 n 依次取 $1,2,3,4,5,\cdots$ 时,数列各项依次为 $2,\dfrac{11}{4},\dfrac{26}{9},\dfrac{47}{16},\dfrac{74}{25},\cdots$.当 $n\to\infty$ 时,$3 - \dfrac{1}{n^2} \to 3$.

(2) 当 n 依次取 $1,2,3,4,5,\cdots$ 时,数列各项依次为 $1,0,-1,0,1,\cdots$.当 $n\to\infty$ 时,$\left\{\sin\dfrac{n\pi}{2}\right\}$ 不能无限地趋向于某一确定的常数 a,因此数列极限不存在.

(3) 数列各项的值随 n 增大交替取得 1 与 -1 两个数,而不是与某一常数接近,因此数列极限不存在.

(4) 数列各项随 n 的增大而增大,且无限增大,趋向于 ∞,而不是与某一常数接近,因此数列极限不存在.当然,我们有时也说,它的广义极限是 ∞.

1.2.2　函数的极限

数列实际上是以自然数为自变量的函数,我们现在继续学习一般函数的极限.

数列的项数 n 是一定会越来越大的,也就是说 $n\to\infty$,但一般函数的自变量就不一定都是趋向于 ∞ 的,所以,我们分两种情况进行讨论.

1. 当 $x\to\infty$ 时,函数 $f(x)$ 的极限

从函数的观点看,数列是关于下标变量 n 的函数 $x_n = f(n)$,数列以 a 为极限可以叙述为:当自变量 $n\to\infty$ 时,相应的函数 $f(n)\to a$.这种定义数列极限的思维方法也适用于一般的函数 $f(x)$.

例 **2** 如图 1-5 所示，当 $x \to \infty$ 时，函数 $f(x) = \dfrac{1}{x}$ 无限接近 0，则称 0 为函数 $f(x)$ 当 $x \to \infty$ 时的极限.

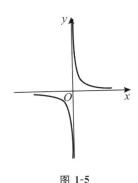

图 1-5

我们给出一般的定义：

定义 设函数 $y = f(x)$，如果 $|x|$ 无限增大时，函数 $f(x)$ 无限趋近于某个固定的常数 a，则称当 x 趋向于 ∞ 时，$f(x)$ 以 a 为极限，记作

$$\lim_{x \to \infty} f(x) = a \quad \text{或} \quad f(x) \to a \quad (x \to \infty).$$

从图像上看，直线 $y = a$ 就是曲线 $y = f(x)$ 的水平渐近线.

如果在 x 趋向于 ∞ 的过程中，x 是单纯地趋向于 $+\infty$ 或 $-\infty$，我们又可以得到以下两种特殊情况：

（1）若 x 取正值，且当 $|x|$ 无限增大时，即 $x \to +\infty$，$f(x)$ 的值无限趋近于常数 a，则称当 x 趋向于 $+\infty$ 时，$f(x)$ 以 a 为极限，记作

$$\lim_{x \to +\infty} f(x) = a \quad \text{或} \quad f(x) \to a \quad (x \to +\infty).$$

（2）若 x 取负值，且当 $|x|$ 无限增大时，即 $x \to -\infty$，$f(x)$ 的值无限趋近于常数 a，则称当 x 趋向于 $-\infty$ 时，$f(x)$ 以 a 为极限，记作

$$\lim_{x \to -\infty} f(x) = a \quad \text{或} \quad f(x) \to a \quad (x \to -\infty).$$

2. 当 $x \to x_0$ 时，函数 $f(x)$ 的极限

我们先来看一个例子：

例 **3** 讨论当 $x \to 1$ 时，函数 $f(x) = \dfrac{x^2 - 1}{x - 1}$ 的变化趋势.

解 函数 $f(x) = \dfrac{x^2 - 1}{x - 1}$ 在 $x = 1$ 处无定义，但是当 $x \neq 1$ 时，有

$$f(x) = \frac{x^2 - 1}{x - 1} = x + 1.$$

因此当 $x \to 1 (x \neq 1)$ 时，函数 $f(x)$ 趋向于 2，也就是以 2 为极限.

从这道题目我们也可以发现：函数在某一点的极限与函数在该点处的函数值无关，甚至一个函数在某一点没有函数值，也不妨碍这个函数在该点有极限值.

我们给出一般的定义：

定义 设函数 $f(x)$ 在点 x_0 的附近（点 x_0 可以除外）有定义，若当 $x \to x_0$ 时，$f(x) \to a$，则称 a 为函数 $f(x)$ 当 $x \to x_0$ 时的极限，记作

$$\lim_{x \to x_0} f(x) = a \quad 或 \quad x \to x_0, f(x) \to a.$$

在 $x \to x_0, f(x) \to a$ 的概念中，x 既是从左侧趋向于 x_0（即 $x < x_0$，记作 $x \to x_0^-$）的，也是从右侧趋向于 x_0（即 $x > x_0$，记作 $x \to x_0^+$）的，这就产生了左极限和右极限的概念：

左极限 设函数 $y = f(x)$ 在点 x_0 的去心邻域内有定义，若当 x 从 x_0 的左侧趋向于 x_0 时，$f(x)$ 趋向于 a，则称 $f(x)$ 当 x 从 x_0 的左侧趋向于 x_0 时收敛于 a，且称 a 为 $f(x)$ 在点 x_0 处的左极限，记作

$$\lim_{x \to x_0^-} f(x) = a \quad 或 \quad f(x_0 - 0) = a.$$

右极限 设函数 $y = f(x)$ 在点 x_0 的去心邻域内有定义，若当 x 从 x_0 的右侧趋向于 x_0 时，$f(x)$ 趋向于 a，则称 $f(x)$ 当 x 从 x_0 的右侧趋向于 x_0 时收敛于 a，且称 a 为 $f(x)$ 在点 x_0 处的右极限，记作

$$\lim_{x \to x_0^+} f(x) = a \quad 或 \quad f(x_0 + 0) = a.$$

这里有一个重要的定理，此定理可以根据函数在 x_0 处左、右极限的情况，去推断出该函数在 x_0 处的极限是否存在。

定理 1.2.1 函数 $y = f(x)$ 在点 x_0 处有极限的充分必要条件是函数 $y = f(x)$ 在点 x_0 处左、右极限都存在，而且相等。

也就是说：

$$\lim_{x \to x_0} f(x) = a \Leftrightarrow \lim_{x \to x_0^-} f(x) = \lim_{x \to x_0^+} f(x) = a.$$

例 4 设函数 $f(x) = \begin{cases} x+1, & x < 0, \\ 0, & x = 0, \\ x-1, & x > 0, \end{cases}$ 讨论当 $x \to 0$ 时，$f(x)$ 是否存在极限。

解 如图 1-6 所示，根据单侧极限的定义，有：

$$\lim_{x \to 0^-} f(x) = \lim_{x \to 0^-} (x+1) = 1;$$
$$\lim_{x \to 0^+} f(x) = \lim_{x \to 0^+} (x-1) = -1.$$

因为

$$\lim_{x \to 0^-} f(x) \neq \lim_{x \to 0^+} f(x),$$

所以当 $x \to 0$ 时，函数 $f(x)$ 的极限不存在。

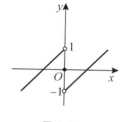

图 1-6

1.2.3 极限的性质

极限有如下性质：

定理 1.2.2(数列极限存在准则) 单调有界数列必有极限.

这个定理是判断一个数列是否有极限的方法之一.

定理 1.2.3(唯一性定理) 如果函数 $f(x)$ 在某一变化过程中有极限,则其极限是唯一的.

我们可以这样直观地来理解这个定理,如果极限不唯一,那么就与极限定义中"无限趋近于某个固定的常数"矛盾,因为"固定的常数"是唯一的.

定理 1.2.4(有界性定理) 如果当 $x \to x_0$ 时函数 $f(x)$ 的极限存在,则必存在 x_0 的某一邻域,使得函数 $f(x)$ 在该邻域内有界.

这个定理告诉我们:如果一个函数有极限,那么当 x 接近 x_0 至一定程度以后,函数值 $f(x)$ 一定在极限值 a 的某个邻域内,不会超过这个范围.

定理 1.2.5(两边夹定理) 如果对于 x_0 的某邻域内的一切 $x(x_0$ 可以除外),有

$$h(x) \leqslant f(x) \leqslant g(x) \quad \text{且} \quad \lim_{x \to x_0} h(x) = \lim_{x \to x_0} g(x) = a,$$

则

$$\lim_{x \to x_0} f(x) = a.$$

这个定理也是求极限的方法之一.当 $f(x)$ 的极限很难求,而 $h(x)$ 和 $g(x)$ 的极限可以求得,且两者的极限相等时,同时这三个函数满足 $h(x) \leqslant f(x) \leqslant g(x)$,就可以根据该定理,得出 $f(x)$ 的极限值.

 习题 1.2

1.观察下列数列,哪些数列收敛?其极限是多少?哪些数列发散?

(1) $\{(-1)^n\}$;

(2) $\{n\}$;

(3) $\{5^n\}$;

(4) $\left\{\dfrac{1+(-1)^n}{2^n}\right\}$.

2.求下列极限:

(1) $\lim\limits_{n \to \infty} \dfrac{2}{n^2+1}$;

(2) $\lim\limits_{n \to \infty} \dfrac{4n+3}{3n-1}$.

3.设 $f(x) = \begin{cases} x^2+1, & x < 0, \\ x, & x > 0, \end{cases}$ 画出函数 $f(x)$ 的图像,求 $\lim\limits_{x \to 0^-} f(x)$ 及 $\lim\limits_{x \to 0^+} f(x)$,并判断 $\lim\limits_{x \to 0} f(x)$ 是否存在.

1.3　极限的运算法则

在"1.2　极限的概念"一节中,我们虽然学习了一些计算极限的方法,比如可根据定义、两边夹定理、左右极限值等进行计算,但显然只有这些方法是远远不够的,很多题目难以通过这些方法解出.本节我们学习极限的运算法则,运用极限的运算法则,可以将大量相对复杂的问题转化为能利用已知方法解决的简单问题.

定理 1.3.1　若 $\lim\limits_{x \to x_0} f(x) = a$,$\lim\limits_{x \to x_0} g(x) = b$,则有:

(1) $\lim\limits_{x \to x_0} [f(x) \pm g(x)] = \lim\limits_{x \to x_0} f(x) \pm \lim\limits_{x \to x_0} g(x) = a \pm b$;

(2) $\lim\limits_{x \to x_0} k f(x) = k \lim\limits_{x \to x_0} f(x) = ka$,　k 为常数;

(3) $\lim\limits_{x \to x_0} [f(x) \cdot g(x)] = \lim\limits_{x \to x_0} f(x) \cdot \lim\limits_{x \to x_0} g(x) = a \cdot b$;

(4) $\lim\limits_{x \to x_0} \dfrac{f(x)}{g(x)} = \dfrac{\lim\limits_{x \to x_0} f(x)}{\lim\limits_{x \to x_0} g(x)} = \dfrac{a}{b}$　$(b \neq 0)$.

法则(1)、法则(3)可以推广到有限个具有极限的函数的和、积的情况,且若把 $x \to x_0$ 换成 $x \to x_0^-$,$x \to x_0^+$,$x \to \infty$,$x \to -\infty$,$x \to +\infty$ 等也成立.

极限的四则运算性能是比较完美的,四则运算"全封闭",也可以简单地说:两个函数和、差、积、商的极限等于这两个函数极限的和、差、积、商.这种运算的封闭性是比较难得的,后面我们要学习的导数、微分、积分等的运算法则都不具备这种"全封闭"特性.

例 1　求极限 $\lim\limits_{x \to 2} \dfrac{x^2 + x - 2}{3x^2 + 2}$.

解　根据极限的运算法则可得:

$$\lim_{x \to 2} \frac{x^2 + x - 2}{3x^2 + 2} = \frac{\lim\limits_{x \to 2} x^2 + \lim\limits_{x \to 2} x - \lim\limits_{x \to 2} 2}{\lim\limits_{x \to 2} 3x^2 + \lim\limits_{x \to 2} 2} = \frac{4 + 2 - 2}{12 + 2} = \frac{4}{14} = \frac{2}{7}.$$

例 2　求极限 $\lim\limits_{x \to \infty} \dfrac{2x^2 + 4x - 3}{3x^2 - 5x + 2}$.

分析　这道题目属于 $\dfrac{\infty}{\infty}$ 型,不能像例1一样直接运用四则运算法则来求极限,但同时用 x^2 除分子与分母后,就可用极限的四则运算法则求得极限.例1的解法叫"能代则代",例2这种情况就属于"不能代",解决"不能代"问题的原则就是"不能代则化"."化"的方法有很多种,这道题目我们就采取"分子与分母同除以 x^2"的方法解决.

解 $\lim\limits_{x\to\infty}\dfrac{2x^2+4x-3}{3x^2-5x+2}=\lim\limits_{x\to\infty}\dfrac{2+\dfrac{4}{x}-\dfrac{3}{x^2}}{3-\dfrac{5}{x}+\dfrac{2}{x^2}}=\dfrac{2}{3}.$

例 3 求极限 $\lim\limits_{x\to\infty}\dfrac{a_0x^n+a_1x^{n-1}+\cdots+a_n}{b_0x^m+b_1x^{m-1}+\cdots+b_m}$,其中 $a_0\neq 0,b_0\neq 0,m,n$ 均为正整数.

分析 这是把例 2"一般化"后的题目,这类题目我们用一种名为"抓大头法"的方法来解决:分子、分母同除以 x 的最高次,然后求极限.

解 $\lim\limits_{x\to\infty}\dfrac{a_0x^n+a_1x^{n-1}+\cdots+a_n}{b_0x^m+b_1x^{m-1}+\cdots+b_m}=\lim\limits_{x\to\infty}x^{n-m}\dfrac{a_0+a_1\dfrac{1}{x}+\cdots+a_n\dfrac{1}{x^n}}{b_0+b_1\dfrac{1}{x}+\cdots+b_m\dfrac{1}{x^m}}$

$$=\begin{cases}\dfrac{a_0}{b_0}, & n=m,\\ 0, & n<m,\\ \infty, & n>m.\end{cases}$$

例 4 求极限 $\lim\limits_{x\to 3}\dfrac{x-3}{x^2-9}.$

分析 这道题目属于 $\dfrac{0}{0}$ 型,也不能直接运用四则运算法则来求极限,我们还是遵循 "不能代则化"的原则.我们发现分子、分母中的零因子是 $x-3$,所以我们的思路是利用分解因式的方法,提取零因子 $x-3$,然后把这个零因子 $x-3$ 约分去掉,再计算极限.

解 $\lim\limits_{x\to 3}\dfrac{x-3}{x^2-9}=\lim\limits_{x\to 3}\dfrac{x-3}{(x-3)(x+3)}=\lim\limits_{x\to 3}\dfrac{1}{x+3}=\dfrac{1}{6}.$

例 5 求极限 $\lim\limits_{x\to 1}\left(\dfrac{1}{1-x}-\dfrac{2}{1-x^2}\right).$

分析 这道题目属于 $\infty-\infty$ 型,任何常数自己减自己都等于 0,但 ∞ 不是常数, $\infty-\infty$ 不一定等于 0.比如在直角三角形中,斜边和直角边上点的个数都是无穷多个, 斜边上点的个数减去直角边上点的个数其结果不是 0,而依然为无穷多个!所以这道 题目也不能直接用四则运算法则来求极限.对于这道题目,"不能代则化"的做法是: 先通分,再求极限.

解 $\lim\limits_{x\to 1}\left(\dfrac{1}{1-x}-\dfrac{2}{1-x^2}\right)=\lim\limits_{x\to 1}\dfrac{1+x-2}{1-x^2}$

$$=\lim\limits_{x\to 1}\dfrac{-(1-x)}{(1+x)(1-x)}$$

$$=\lim\limits_{x\to 1}\dfrac{-1}{1+x}=-\dfrac{1}{2}.$$

例 求极限 $\lim\limits_{x \to +\infty}(\sqrt{x+1} - \sqrt{x})$.

分析 这道题目也属于 $\infty - \infty$ 型. 对于这道题目,"不能代则化"的做法是:先乘以共轭根式进行有理化,再求极限.

解
$$\lim_{x \to +\infty}(\sqrt{x+1} - \sqrt{x}) = \lim_{x \to +\infty}\frac{(\sqrt{x+1} - \sqrt{x})(\sqrt{x+1} + \sqrt{x})}{\sqrt{x+1} + \sqrt{x}}$$
$$= \lim_{x \to +\infty}\frac{1}{\sqrt{x+1} + \sqrt{x}} = 0.$$

利用运算法则求极限的原则是"能代则代,不能代则化",而"化"的方法是多种多样的,可以百花齐放、百家争鸣.

这节内容我们学习了"抓大头法"、分解因式后约分、通分、有理化等方法,以后我们还将学习更多的方法.

习题 1.3

求下列极限:

(1) $\lim\limits_{x \to 2}\dfrac{x^2+3}{2x^2-5}$;

(2) $\lim\limits_{x \to 5}\dfrac{3x^2+1}{x-5}$;

(3) $\lim\limits_{x \to \infty}\dfrac{x^3+1}{2x^2+x-5}$;

(4) $\lim\limits_{x \to \infty}\dfrac{x^3+2x}{5x^4+3x-1}$;

(5) $\lim\limits_{x \to \infty}\dfrac{x^2+2x-3}{3x^2-5x+1}$;

(6) $\lim\limits_{x \to 1}\dfrac{x^2-1}{x^3-1}$;

(7) $\lim\limits_{x \to 2}\left(\dfrac{1}{x-2} - \dfrac{2}{x^2-4}\right)$;

(8) $\lim\limits_{x \to \infty}\dfrac{\sqrt{2x+1} - \sqrt{x+1}}{x}$;

(9) $\lim\limits_{x \to 0}\dfrac{x}{\sqrt{1+x} - \sqrt{1-x}}$;

(10) $\lim\limits_{n \to \infty}\dfrac{\sqrt{n+4} - \sqrt{n}}{\sqrt{n+5} - \sqrt{n}}$.

1.4 无穷小量和无穷大量

1.4.1 无穷小量

微积分由牛顿和莱布尼茨于 17 世纪分别独立发明. 然而, 伴随着它的诞生, 一个全新的概念——无穷小量即如影随形.

无穷小量在微积分的规则里, 时而显露参与运算, 时而隐形全身而去, 当时没有人知道它的确切行踪. 关于无穷小量的定义, 牛顿和莱布尼茨也没能给出一个合理的解释.

无穷小量因此成为一些人诟病微积分的最大缺陷, 不少数学家和神学家因其而纷纷质疑微积分理论的正确性. 数学家罗尔曾说, "微积分是巧妙的谬论的汇集"; 英国大主教贝克莱说, "导数是消失了的量的鬼魂", "微积分依靠双重错误得到了虽然不科学却是正确的结果". 而这些对微积分理论的基础——无穷小量的质疑, 直接摇撼了微积分的合理性, 这就是所谓的第二次数学危机.

直到 19 世纪, 通过波尔察诺、阿贝尔、柯西的贡献, 到魏尔斯特拉斯给出函数极限的 $\varepsilon-\delta$ 语言定义, 并把微分、积分直接严格定义在极限的基础上, 第二次数学危机才得以解决, 无穷小量的迷思终于在困扰世人一个半世纪之后得到澄清.

定义 极限为零的变量称为**无穷小量**, 简称无穷小.

也就是说, 若 $x \to x_0$ (或 $x \to \infty$) 时, 函数 $f(x) \to 0$, 则称函数 $f(x)$ 为 $x \to x_0$ (或 $x \to \infty$) 时的无穷小量.

例 1 判断函数 $x-2$, 当 $x \to 2$ 时, 是否为无穷小量.

解 因为

$$\lim_{x \to 2}(x-2) = 0,$$

所以函数 $x-2$ 当 $x \to 2$ 时为无穷小量.

例 2 在什么条件下, 函数 $\dfrac{1}{x}$ 为无穷小量?

解 因为

$$\lim_{x \to \infty}\frac{1}{x} = 0,$$

所以函数 $\dfrac{1}{x}$ 当 $x \to \infty$ 时为无穷小量.

这里有两点要特别注意: 一是无穷小量是以零为极限的变量, 不能将其与"很小的量""很小的常数"等概念混淆(在所有的常数中,零是唯一可以看作无穷小量的数,因为零的极限为零);二是无穷小量与自变量的变化过程有关,不能单独讲某个函数是无穷小量,而一定要讲当自变量趋向于某个值(或 $\infty, +\infty, -\infty$) 时,这个函数是无穷小量.

比如在例 1 中,函数 $x-2$ 当 $x \to 2$ 时为无穷小量,但是,函数 $x-2$ 当 $x \to 1$ 时就不是无穷小量了.

1.4.2　无穷小量的性质

性质 1　有限个无穷小量的和也是无穷小量.

这里为什么要加上"有限个"三个字?因为有限个"零"相加是零,无限个"零"相加就不一定是零了!从有限到无限,很多"常识"会发生变化.例如:

$$\lim_{n \to \infty}\left(\frac{1}{n^2}+\frac{2}{n^2}+\frac{3}{n^2}+\cdots+\frac{n}{n^2}\right)=\lim_{n \to \infty}\frac{1+2+3+\cdots+n}{n^2}$$
$$=\lim_{n \to \infty}\frac{n(n+1)}{2n^2}=\frac{1}{2},$$

虽然当 $n \to \infty$ 时,$\frac{1}{n^2}, \frac{2}{n^2}, \frac{3}{n^2}, \cdots, \frac{n}{n^2}$ 的极限都是零,但它们的和的极限并不等于零.

性质 2　有限个无穷小量的乘积仍是无穷小量.

这里要加上"有限个"三个字的原因与性质 1 类似.

性质 3　常数乘以无穷小量仍是无穷小量.

性质 4　有界函数乘以无穷小量仍是无穷小量.

这些性质也都是求极限的有效方法.

例 3　求极限 $\lim_{x \to 0}\left(x \cdot \sin\frac{1}{x}\right)$.

解　因为 $\lim_{x \to 0}x = 0$,又因为

$$\left|\sin\frac{1}{x}\right| \leqslant 1$$

为有界函数,所以

$$\lim_{x \to 0}\left(x \cdot \sin\frac{1}{x}\right)=0.$$

1.4.3　无穷大量

定义　在自变量 x 的某个变化过程中,若函数值的绝对值 $|f(x)|$ 无限增大,则称 $f(x)$ 为在此变化过程中的**无穷大量**,简称无穷大.

例如,当 $x \to 3$ 时,函数 $f(x)=\frac{2x}{x-3}$ 为无穷大量.

与无穷小量类似,无穷大量不是指一个很大的数,任何常数不论多大都不是无穷

大量.无穷大量描述的是函数的一种状态,若函数趋向于无穷大量,则必无界.

1.4.4　无穷小量与无穷大量的关系

定理 1.4.1　在自变量的同一变化过程中,若 $f(x)$ 为无穷大量,则 $\dfrac{1}{f(x)}$ 为无穷小量;反之,若 $f(x)$ 为无穷小量,且 $f(x) \neq 0$,则 $\dfrac{1}{f(x)}$ 为无穷大量.

据此定理,关于无穷大量的问题都可以转化为无穷小量来进行讨论.

例 4　求极限 $\lim\limits_{x \to \infty}(x^2 - 3x + 2)$.

解　$\lim\limits_{x \to \infty} \dfrac{1}{x^2 - 3x + 2} = \lim\limits_{x \to \infty} \dfrac{\dfrac{1}{x^2}}{1 - \dfrac{3}{x} + \dfrac{2}{x^2}} = 0,$

也就是说,当 $x \to \infty$ 时, $x^2 - 3x + 2$ 的倒数 $\dfrac{1}{x^2 - 3x + 2}$ 是无穷小量,则有

$$\lim\limits_{x \to \infty}(x^2 - 3x + 2) = \infty.$$

1.4.5　无穷小量与极限的关系

定理 1.4.2　在自变量的某一变化过程中,函数 $f(x)$ 以 a 为极限的充要条件是 $f(x)$ 可以表示成常数 a 与某一无穷小量之和,即

$$f(x) = a + \alpha(x),$$

其中 $\alpha(x)$ 为同一过程下的无穷小量.

这个定理揭示了函数当自变量趋向于某点的极限值与该点附近的函数值(不含该点)之间的一种内在联系.

注意:这并不是说若函数在某点有极限值,这个极限值就一定是该点的函数值.一个函数在某点是否有极限值与这个函数在该点的函数值是什么,甚至是否有函数值没有必然联系.

如图 1-7(a) 所示,函数在 x_0 点极限值存在,函数值不存在;如图 1-7(b) 所示,函数在 x_0 点极限值存在,函数值也存在,但两者不相等.

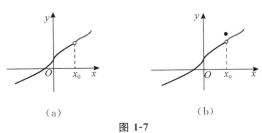

(a)　　　　　　　(b)

图 1-7

习题 1.4

1.观察下列函数,哪些是无穷小量?哪些是无穷大量?

(1) $\dfrac{2x+3}{x}$,当 $x \to 0$ 时;

(2) $e^{\frac{1}{x}}$,当 $x \to 0^+$ 时;

(3) $e^{-2x} - 1$,当 $x \to 0$ 时;

(4) $\dfrac{\cos x}{x}$,当 $x \to \infty$ 时.

2.求下列极限:

(1) $\lim\limits_{x \to \infty} \dfrac{\sin x}{x}$;

(2) $\lim\limits_{x \to 0} \left[(x^2 + 3x) \cdot \cos^2 \dfrac{1}{x} \right]$.

1.5 两个重要极限

前几节我们已经学习了一系列求极限的方法,本节我们再来学习两个重要极限,它们也是求极限的重要方法,如果能够把函数化成这两个重要极限的形式,就可以依据这两个重要极限求出相应函数的极限.

1.5.1 第一个重要极限

第一个重要极限:

$$\lim_{x \to 0} \frac{\sin x}{x} = 1.$$

证明从略,我们直接使用这个结论. 但这里要特别注意:sin 后面的 x 和分母中的 x,以及趋向于 0 的 x,三者是要一致的.

当然,这个重要极限也可以写成下面的形式:

$$\lim_{x \to 0} \frac{x}{\sin x} = 1.$$

例 1° 求极限 $\lim\limits_{x \to 0} \dfrac{\tan x}{x}$.

解 $\lim\limits_{x \to 0} \dfrac{\tan x}{x} = \lim\limits_{x \to 0} \left(\dfrac{\sin x}{x} \cdot \dfrac{1}{\cos x} \right) = \lim\limits_{x \to 0} \dfrac{\sin x}{x} \cdot \lim\limits_{x \to 0} \dfrac{1}{\cos x} = 1.$

例 2° 求极限 $\lim\limits_{x \to 0} \dfrac{\sin mx}{\sin nx}$ (m, n 为整数).

解 $\lim\limits_{x \to 0} \dfrac{\sin mx}{\sin nx} = \lim\limits_{x \to 0} \left(\dfrac{\sin mx}{mx} \cdot \dfrac{mx}{nx} \cdot \dfrac{nx}{\sin nx} \right)$

$\qquad = \dfrac{m}{n} \cdot \lim\limits_{mx \to 0} \dfrac{\sin mx}{mx} \cdot \lim\limits_{nx \to 0} \dfrac{nx}{\sin nx}$

$\qquad = \dfrac{m}{n}.$

例 3° 求极限 $\lim\limits_{x \to 0^+} \dfrac{x}{\sqrt{1 - \cos x}}$.

解 $\lim\limits_{x \to 0^+} \dfrac{x}{\sqrt{1 - \cos x}} = \lim\limits_{x \to 0^+} \dfrac{x}{\sqrt{2} \sin \frac{x}{2}} = \sqrt{2} \lim\limits_{\frac{x}{2} \to 0^+} \dfrac{\frac{x}{2}}{\sin \frac{x}{2}} = \sqrt{2}.$

1.5.2　第二个重要极限

第二个重要极限：

$$\lim_{x \to \infty} \left(1 + \frac{1}{x}\right)^x = \mathrm{e}.$$

与第一个重要极限类似，这里也要注意：$\frac{1}{x}$ 分母中的 x 和指数 x，以及趋向于 ∞ 的 x，三者是要一致的.

如果我们令 $\frac{1}{x} = t$，则当 $x \to \infty$ 时，$t \to 0$. 这样我们就得到第二个重要极限的另一种形式：

$$\lim_{t \to 0} \left(1 + t\right)^{\frac{1}{t}} = \mathrm{e}.$$

例 4　求极限 $\lim\limits_{x \to \infty} \left(1 + \frac{3}{x}\right)^x$.

解　$\lim\limits_{x \to \infty} \left(1 + \frac{3}{x}\right)^x = \lim\limits_{\frac{x}{3} \to \infty} \left[\left(1 + \frac{1}{\frac{x}{3}}\right)^{\frac{x}{3}}\right]^3 = \mathrm{e}^3.$

例 5　求极限 $\lim\limits_{x \to \infty} \left(1 - \frac{1}{x}\right)^{2x}$.

解　令 $t = -x$，则当 $x \to \infty$ 时，$t \to \infty$，则有

$$\lim_{x \to \infty} \left(1 - \frac{1}{x}\right)^{2x} = \lim_{t \to \infty} \left(1 + \frac{1}{t}\right)^{-2t} = \lim_{t \to \infty} \frac{1}{\left(1 + \frac{1}{t}\right)^{2t}}$$

$$= \frac{1}{\lim\limits_{t \to \infty} \left[\left(1 + \frac{1}{t}\right)^t\right]^2} = \frac{1}{\left[\lim\limits_{t \to \infty} \left(1 + \frac{1}{t}\right)^t\right]^2}$$

$$= \frac{1}{\mathrm{e}^2}.$$

例 6　求极限 $\lim\limits_{x \to 0} \left(1 + 2x\right)^{\frac{1}{x}}$.

解　$\lim\limits_{x \to 0} \left(1 + 2x\right)^{\frac{1}{x}} = \lim\limits_{2x \to 0} \left[\left(1 + 2x\right)^{\frac{1}{2x}}\right]^2 = \mathrm{e}^2.$

习题 1.5

求下列极限:

(1) $\lim\limits_{x \to \infty} \left(x \sin \dfrac{1}{x} \right)$;

(2) $\lim\limits_{x \to 0} \dfrac{\sin 5x}{\tan 2x}$;

(3) $\lim\limits_{x \to 1} \dfrac{\sin^2 (x-1)}{x^2 - 1}$;

(4) $\lim\limits_{x \to 0} (1 - 4x)^{\frac{1}{x}}$;

(5) $\lim\limits_{x \to 0} (1 + \tan x)^{\cot x}$;

(6) $\lim\limits_{x \to \infty} \left(\dfrac{2x - 1}{2x + 1} \right)^x$.

1.6　无穷小量的比较

从"1.4.2　无穷小量的性质"中我们可以发现,两个无穷小量的和、差、积都是无穷小量,但关于两个无穷小量的商,在这些性质中并没有涉及.事实上,两个无穷小量的商可能有多种情况,比如:当 $x \to 0$ 时,x,x^2,$\sin x$,$x\sin\dfrac{1}{x}$ 等都是无穷小量,而 $\lim\limits_{x \to 0}\dfrac{x^2}{x}$

$= 0$,$\lim\limits_{x \to 0}\dfrac{x}{x^2} = \infty$,$\lim\limits_{x \to 0}\dfrac{\sin x}{x} = 1$,$\lim\limits_{x \to 0}\dfrac{x\sin\dfrac{1}{x}}{x}$ 没有极限.

两个无穷小量之比的极限有多种情况,反映了不同的无穷小量趋向于 0 的"快慢"不一.就上面的例子来说,当 $x \to 0$ 时,x 比 x^2 趋向于 0 要慢些,x 与 $\sin x$ 趋向于 0 的快慢相仿.

下面我们给出两个无穷小量比较的有关定义.

定义　设 $f(x)$,$g(x)$ 是同一变化过程中的两个无穷小量,则有:

(1) 如果 $\lim\dfrac{f(x)}{g(x)} = C \neq 0$,则称 $f(x)$,$g(x)$ 为**同阶无穷小量**;

(2) 如果 $\lim\dfrac{f(x)}{g(x)} = 1$,则称 $f(x)$,$g(x)$ 为**等价无穷小量**,记作

$$f(x) \sim g(x);$$

(3) 如果 $\lim\dfrac{f(x)}{g(x)} = 0$,则称 $f(x)$ 是比 $g(x)$ **高阶的无穷小量**,记作

$$f(x) = o(g(x));$$

(4) 如果 $\lim\dfrac{f(x)}{g(x)} = \infty$,则称 $f(x)$ 是比 $g(x)$ **低阶的无穷小量**.

显然,等价无穷小量是同阶无穷小量的特殊特形,即 $C = 1$ 的情形.

注意:上述定义中的"lim"下面没有写 x 具体趋向于什么,就是表示 $x \to x_0$,$x \to x_0^+$,$x \to x_0^-$,$x \to \infty$,$x \to +\infty$,$x \to -\infty$ 等各种情形.

下面举一些例子:

因为

$$\lim_{x \to 0}\frac{x(\sin x + 2)}{x} = \lim_{x \to 0}(\sin x + 2) = 2,$$

所以当 $x \to 0$ 时,$x(\sin x + 2)$ 与 x 为同阶无穷小量.

因为

$$\lim_{x \to 0} \frac{\tan x}{x} = \lim_{x \to 0} \left(\frac{\sin x}{x} \cdot \frac{1}{\cos x} \right) = 1,$$

所以当 $x \to 0$ 时，$\tan x \sim x$.

因为

$$\lim_{x \to 0} \frac{\tan x - \sin x}{x} = \lim_{x \to 0} \frac{\sin x}{x \cos x} - \lim_{x \to 0} \frac{\sin x}{x} = 1 - 1 = 0,$$

所以当 $x \to 0$ 时，$\tan x - \sin x$ 是比 x 高阶的无穷小量；x 是比 $\tan x - \sin x$ 低阶的无穷小量.

在极限的计算中，经常使用下述等价无穷小量的代换定理，从而使两个无穷小量之比的极限问题简化. 这也是求极限"不能代则化"的又一种"化"法.

定理 1.6.1 设在自变量的同一变化过程中，$f(x) \sim m(x)$，$g(x) \sim n(x)$，且 $\lim \frac{m(x)}{n(x)}$ 存在，则

$$\lim \frac{f(x)}{g(x)} = \lim \frac{m(x)}{n(x)}.$$

例 1 求极限 $\lim\limits_{x \to 0} \frac{\tan 3x}{\sin 5x}$.

解 当 $x \to 0$ 时，$\tan 3x \sim 3x$，$\sin 5x \sim 5x$，则

$$\lim_{x \to 0} \frac{\tan 3x}{\sin 5x} = \lim_{x \to 0} \frac{3x}{5x} = \frac{3}{5}.$$

例 2 求极限 $\lim\limits_{x \to 0} \frac{1 - \cos x}{x \cdot \tan x}$.

解 当 $x \to 0$ 时，$\tan x \sim x$，$1 - \cos x = 2 \sin^2 \frac{x}{2} \sim \frac{1}{2} x^2$，则

$$\lim_{x \to 0} \frac{1 - \cos x}{x \cdot \tan x} = \lim_{x \to 0} \frac{\frac{1}{2} x^2}{x \cdot x} = \frac{1}{2}.$$

例 3 求极限 $\lim\limits_{x \to 0} \frac{\tan x - \sin x}{x^3}$.

解

$$\lim_{x \to 0} \frac{\tan x - \sin x}{x^3} = \lim_{x \to 0} \frac{\sin x (1 - \cos x)}{x^3 \cos x}$$

$$= \lim_{x \to 0} \left(\frac{\sin x}{x} \cdot \frac{1 - \cos x}{x^2} \cdot \frac{1}{\cos x} \right) = \lim_{x \to 0} \frac{1 - \cos x}{x^2},$$

而当 $x \to 0$ 时，$1 - \cos x = 2 \sin^2 \frac{x}{2} \sim \frac{1}{2} x^2$，则

$$\lim_{x \to 0} \frac{1 - \cos x}{x^2} = \lim_{x \to 0} \frac{\frac{1}{2} x^2}{x^2} = \frac{1}{2},$$

故

$$\lim_{x \to 0} \frac{\tan x - \sin x}{x^3} = \frac{1}{2}.$$

注意:在做等价无穷小量的代换求极限时,只能代换乘积因子!也就是说,可以对分子或分母中的一个(或若干个)因子做代换,但不能对分子或分母中的某个和项做代换,否则会得出错误的结论.

比如,如果例 3 按下面的方法去解,就是错误的:

错误解法　　当 $x \to 0$ 时,$\sin x \sim x$,$\tan x \sim x$,则

$$\lim_{x \to 0} \frac{\tan x - \sin x}{x^3} = \lim_{x \to 0} \frac{x - x}{x^3} = 0.$$

当 $x \to 0$ 时,下面几个等价无穷小量经常会用到,可以当作公式来记忆:

(1)$\sin x \sim x$;

(2)$\tan x \sim x$;

(3)$\ln(1 + x) \sim x$;

(4)$\arctan x \sim x$;

(5)$\cos x - 1 \sim -\dfrac{x^2}{2}$;

(6)$\sec x - 1 \sim \dfrac{x^2}{2}$.

 习题 1.6

利用等价无穷小量的代换定理,计算下列极限:

(1) $\lim\limits_{x \to 0} \dfrac{\tan 3x}{7x}$;

(2) $\lim\limits_{x \to 0} \dfrac{\arctan 3x}{\sin 5x}$;

(3) $\lim\limits_{x \to 0} \dfrac{\sin 2x}{x^3 + x}$;

(4) $\lim\limits_{x \to 0} \dfrac{\tan x - \sin x}{\sin^3 x}$.

1.7 函数的连续性

1.7.1 函数连续的概念

数学是一种科学语言,简洁、精准是它的特色.有一些词语若采用日常用语往往很难将其解释清楚,有时"解释"成了"复制解释""循环论证",尤其是对于一些应用广泛、耳熟能详的词语,更是难以解释到位."连续"就是这样一个词.《现代汉语词典(第7版)》对"连续"的定义是:"一个接一个."这样的解释显然是不圆满的.其实自然界中有许多现象,如气温的变化、河水的流动、岁月的流逝等都是连续变化的,大家都懂,但若要用日常用语解释清楚何为"连续"并非易事.

下面我们就来欣赏一下数学语言是如何来简洁而精准地解释"连续"的.

首先我们给出增量的概念:

增量:设变量 u 从它的初值 u_0 变到终值 u_1,则终值与初值之差 $u_1 - u_0$ 就叫作变量 u 的增量,又叫作 u 的改变量,记作 Δu,即

$$\Delta u = u_1 - u_0.$$

注意:Δu 是一个完整的记号,不能看作是 Δ 和 u 两者之积.

在数学上"连续"可以有不同的定义方式,我们先给出第一种:

连续的第一种定义 设函数 $y = f(x)$ 在点 x_0 的某个邻域内有定义,如果当自变量的增量 Δx 趋向于零时,相应的函数值的增量

$$\Delta y = f(x_0 + \Delta x) - f(x_0)$$

也趋向于零,则称 $f(x)$ 在点 x_0 处连续.

在这个定义中,"函数 $y = f(x)$ 在点 x_0 的某个邻域内有定义"排除了如图1-8所示这些不连续的情况.

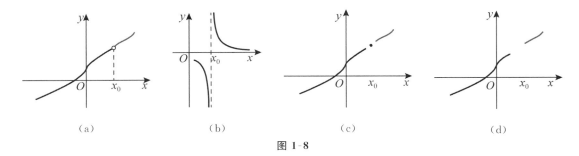

(a)　　　　　(b)　　　　　(c)　　　　　(d)

图 1-8

"如果当自变量的增量 Δx 趋向于零时,相应的函数值的增量

$$\Delta y = f(x_0 + \Delta x) - f(x_0)$$

也趋向于零"排除了如图 1-9 所示这些不连续的情况.

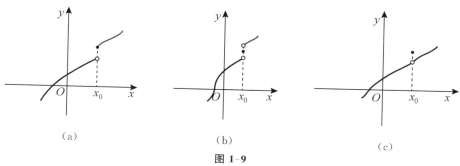

图 1-9

由这个定义,我们可以做如下推理:

因为当 $\Delta x \to 0$ 时,

$$\Delta y = f(x_0 + \Delta x) - f(x_0) \to 0,$$

所以当 $\Delta x \to 0$ 时,

$$f(x_0 + \Delta x) \to f(x_0).$$

即

$$\lim_{x \to x_0} f(x) = f(x_0).$$

由此我们就可以得到连续的第二种定义:

连续的第二种定义　设函数 $f(x)$ 在点 x_0 的某个邻域内有定义,若 $\lim\limits_{x \to x_0} f(x) = f(x_0)$,则称函数 $f(x)$ 在点 x_0 处连续.

与极限有左极限、右极限的概念类似,连续也有左连续、右连续的概念:

左连续　如果函数 $f(x)$ 满足

$$\lim_{x \to x_0^-} f(x) = f(x_0),$$

则称函数 $f(x)$ 在点 x_0 处左连续.

右连续　如果函数 $f(x)$ 满足

$$\lim_{x \to x_0^+} f(x) = f(x_0),$$

则称函数 $f(x)$ 在点 x_0 处右连续.

函数 $f(x)$ 在点 x_0 处是否左、右连续也是判断函数 $f(x)$ 在点 x_0 处是否连续的方法之一:

定理 1.7.1　函数 $f(x)$ 在点 x_0 处连续的充要条件是函数 $f(x)$ 在点 x_0 处既是左连续的又是右连续的.

现在我们再给出函数 $f(x)$ 在区间内(上)连续的定义:

如果一个函数 $f(x)$ 在某个开区间 (a,b) 内的每一点都连续,则称函数 $f(x)$ 在开

区间 (a,b) 内连续,也称函数 $f(x)$ 是开区间 (a,b) 内的连续函数.

如果一个函数 $f(x)$ 在某个开区间 (a,b) 内的每一点都连续,且在左端点 a 处右连续、在右端点 b 处左连续,则称函数 $f(x)$ 在闭区间 $[a,b]$ 上连续,也称函数 $f(x)$ 是闭区间 $[a,b]$ 上的连续函数.

1.7.2 函数的间断点

由连续的第二种定义可知,函数 $f(x)$ 在点 x_0 处连续,必须满足以下三个条件:

(1) 设函数 $f(x)$ 在点 x_0 的某个邻域内有定义;

(2) $\lim\limits_{x \to x_0} f(x)$ 存在;

(3) $\lim\limits_{x \to x_0} f(x) = f(x_0)$.

上述三个条件中只要有一条不满足,则函数 $f(x)$ 在点 x_0 处就不连续. 若"$f(x)$ 在点 x_0 处不连续",我们就称函数 $f(x)$ 在点 x_0 处间断,点 x_0 称为函数 $f(x)$ 的**间断点**.

如果一个函数 $f(x)$ 在点 x_0 的某去心邻域内没有定义,那么函数 $f(x)$ 当然在点 x_0 处是间断的. 由上面三个条件不难得出,函数 $f(x)$ 在点 x_0 的某去心邻域内有定义的情况下,如果发生了下列情形之一,则函数 $f(x)$ 在点 x_0 处也一定不连续:

(1) $f(x)$ 在点 x_0 处没有定义;

(2) $f(x)$ 虽然在点 x_0 处有定义,且 $\lim\limits_{x \to x_0} f(x)$ 存在,但 $\lim\limits_{x \to x_0} f(x) \neq f(x_0)$;

(3) $f(x)$ 虽然在点 x_0 处有定义,但 $\lim\limits_{x \to x_0} f(x)$ 不存在.

如果 x_0 是函数 $f(x)$ 的间断点,但左极限 $\lim\limits_{x \to x_0^-} f(x)$ 及右极限 $\lim\limits_{x \to x_0^+} f(x)$ 都存在,则称 x_0 为 $f(x)$ 的**第一类间断点**.

在第一类间断点中,左、右极限相等者称为**可去间断点**(见图 1-10),左、右极限不相等者称为**跳跃间断点**(见图 1-11).

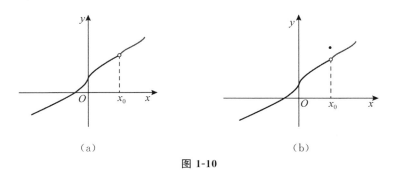

(a)　　　　　　　　　　　　(b)

图 1-10

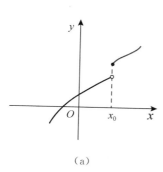

（a）　　　　　　　　　（b）

图 1-11

不是第一类间断点的任何间断点,称为**第二类间断点**(图 1-12).

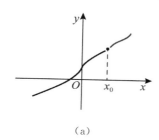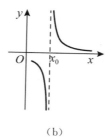

（a）　　　　　　　　　（b）

图 1-12

例 1　找出函数 $y = \dfrac{x^2 - 1}{x - 1}$ 的间断点,并说明其类型.

解　因为函数 $y = \dfrac{x^2 - 1}{x - 1}$ 在 $x = 1$ 处没有定义,所以函数在 $x = 1$ 处不连续(见图 1-13). 也就是说,$x = 1$ 为函数 $y = \dfrac{x^2 - 1}{x - 1}$ 的间断点.

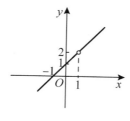

图 1-13

又因为

$$\lim_{x \to 1^+} y = \lim_{x \to 1^+} \frac{x^2 - 1}{x - 1} = \lim_{x \to 1^+} (x + 1) = 2,$$

$$\lim_{x \to 1^-} y = \lim_{x \to 1^-} \frac{x^2 - 1}{x - 1} = \lim_{x \to 1^-} (x + 1) = 2,$$

所以,$x = 1$ 为函数 $y = \dfrac{x^2 - 1}{x - 1}$ 的可去间断点.

如果我们补充定义:当 $x=1$ 时,$y=2$,那么函数 $y=\dfrac{x^2-1}{x-1}$ 就在 $x=1$ 处连续了.

这也可以帮助我们理解可去间断点中"可去"两个字的含义:补充定义后,间断点可以变为连续点.

例 **2** 找出符号函数 $y=\operatorname{sgn}x=\begin{cases}1, & x>0,\\ 0, & x=0,\\ -1, & x<0\end{cases}$ 的间断点,并说明其类型.

解 当 $x\to 0$ 时,

$$\lim_{x\to 0^+}\operatorname{sgn}x=\lim_{x\to 0^+}1=1;$$

$$\lim_{x\to 0^-}\operatorname{sgn}x=\lim_{x\to 0^-}(-1)=-1.$$

也就是说,当 $x\to 0$ 时,左、右极限都存在,但不相等,故 $\lim\limits_{x\to 0}\operatorname{sgn}x$ 不存在.

所以 $x=0$ 是函数 $y=\operatorname{sgn}x=\begin{cases}1, & x>0,\\ 0, & x=0,\\ -1, & x<0\end{cases}$ 的跳跃间断点(见图 1-4).

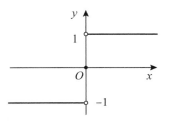

图 1-14

跳跃间断点中的"跳跃"两字,从图 1-14 中也是一目了然.

例 **3** 找出函数 $y=\dfrac{1}{x}$ 的间断点,并说明其类型.

解 因为函数 $y=\dfrac{1}{x}$ 在 $x=0$ 处没有定义,

且 $\lim\limits_{x\to 0^+}f(x)$ 和 $\lim\limits_{x\to 0^-}f(x)$ 都不存在,

故 $x=0$ 是函数 $y=\dfrac{1}{x}$ 的第二类间断点.

1.7.3 初等函数的连续性

定理 1.7.2 连续函数的和、差、积、商还是连续函数.

这个定理由函数在某点连续的定义和极限的四则运算法则,可以推得,此处从略.

定理 1.7.3 连续函数的反函数在其对应区间上也是连续函数.

这个定理我们可以从函数与其反函数的图像是关于 $y = x$ 对称的特性来直观地进行理解,函数图像关于 $y = x$ 翻转,其连续性是不会发生改变的.

定理 1.7.4　连续函数的复合函数还是连续函数.

指数函数、幂函数、对数函数、三角函数和反三角函数等基本初等函数和常数函数在其定义域内都是连续函数.

所以,由定理 1.7.2、定理 1.7.3、定理 1.7.4 不难推得:

一切初等函数在其定义区间内都是连续的.

这是一个非常有意义的结论!根据函数的连续性定义以及这个结论,计算初等函数 $f(x)$ 在其定义域内某点 x_0 处的极限,只需求出点 x_0 处的函数值 $f(x_0)$ 即可.这也就是我们求极限时可以采用"能代则代"的原因所在.

至此,我们对求极限的法则"能代则代,不能代则化"不仅知其然,而且知其所以然了.

1.7.4　闭区间上连续函数的性质

在闭区间上连续函数有几个重要性质,我们用定理的形式给出:

定理 1.7.5(最值定理)　若函数 $f(x)$ 在闭区间 $[a,b]$ 上连续,则在 $[a,b]$ 上至少存在两点 x_1、x_2,使对 $[a,b]$ 上一切的 x,都有

$$f(x_1) \leqslant f(x) \leqslant f(x_2),$$

其中 $f(x_1)$ 和 $f(x_2)$ 分别称为 $f(x)$ 在 $[a,b]$ 上的最小值和最大值(见图 1-15).

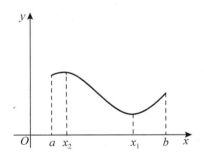

图 1-15

定理 1.7.5 也可以简称:闭区间上的连续函数有界.

在本节开头我们说过数学是一种科学语言,它的科学性也表现在其严谨性上,某个定理的条件若稍加改变,结论就不一定成立.对于定理 1.7.5 来说,如果我们把闭区间改成开区间,一字之差,就无法得到一定有界的结论,也无法得到一定有最小值、最大值的结论.

比如,$y = \tan x$ 在开区间 $\left(-\dfrac{\pi}{2}, \dfrac{\pi}{2}\right)$ 内是连续的,但它在开区间 $\left(-\dfrac{\pi}{2}, \dfrac{\pi}{2}\right)$ 内是无界的,也不存在最小值、最大值(见图 1-16).

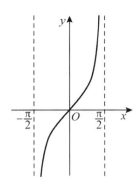

图 1-16

如果我们不改变定理 1.7.5 中的"闭区间"要求,而把"连续"去掉,那当然也得不到一定有界的结论,也无法得到一定有最小值、最大值的结论.

我们只要考察 $y=\begin{cases}\tan x, & x\neq\dfrac{\pi}{2},\\ 0, & x=\dfrac{\pi}{2}\end{cases}$ 在闭区间$[0,\pi]$上的情况(见图 1-17),就可

以发现该函数在闭区间$[0,\pi]$上是无界的,也不存在最小值、最大值.

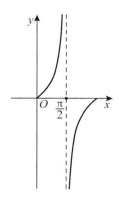

图 1-17

定理 1.7.6(介值定理) 若函数 $f(x)$ 在闭区间 $[a,b]$上连续,且 $f(a)\neq f(b)$,则对于 $f(a)$ 与 $f(b)$ 之间的任意一个数 k,在(a,b) 内至少存在一点 ξ,使得

$$f(\xi)=k.$$

这个定理说明:如果函数 $f(x)$ 在闭区间 $[a,b]$上连续,则它必定能够取得 $f(a)$ 与 $f(b)$ 之间的任意值 k(见图 1-18).

在定理 1.7.6 中,如果我们令 $f(a)$ 与 $f(b)$ 异号,且取 $k=0$,即可得到如下推论:

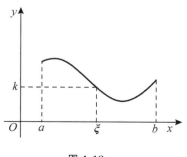

图 1-18

推论(根的存在定理)　若函数 $f(x)$ 在闭区间 $[a,b]$ 上连续,且 $f(a) \cdot f(b) < 0$（即 $f(a)$ 与 $f(b)$ 异号),则在开区间 (a,b) 内至少存在一点 ξ,使得 $f(\xi) = 0$,即方程 $f(x) = 0$ 在开区间 (a,b) 内至少有一个根(见图 1-19).

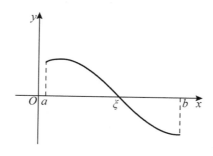

图 1-19

这个定理说明:当连续曲线 $y = f(x)$ 的两个端点位于 x 轴的不同侧时,则该曲线与 x 轴至少相交一次(即至少有一个交点).

例 4　证明方程 $x^5 - 3x = 1$ 至少有一个根介于 1 和 2 之间.

证明　设 $f(x) = x^5 - 3x - 1$,则 $f(x)$ 在 $[1,2]$ 上连续,且

$$f(1) = -3 < 0, \quad f(2) = 25 > 0.$$

由根的存在定理知:

在 $(1,2)$ 内至少存在一点 ξ,使得 $f(\xi) = 0$.

 习题 1.7

1. 找出函数 $f(x) = \begin{cases} \dfrac{1-x^2}{1+x}, & x \neq -1, \\ 0, & x = -1 \end{cases}$ 的间断点,并判断间断点类型. 如果是可去间断点,则补充或修改函数在该点的定义使其成为连续函数.

2. 设函数 $f(x) = \begin{cases} (1-x)^{\frac{1}{x}}, & x < 0, \\ 2^x + a, & x \geqslant 0 \end{cases}$ 在 $x = 0$ 处连续,求 a 的值.

3. 证明方程 $x^3 + 1 = 4x$ 至少有一个根介于 0 和 1 之间.

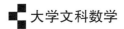

本章学习小结

第2章 导数与微分

2.1 导数的概念

上一章我们学习函数的极限是探究"极终趋势",学习函数的连续和间断是为了探究"过程万象",本章我们再来学习函数的导数,来探究"变化快慢".

2.1.1 导数概念的引例

我们先来看一下物理学中关于变速直线运动瞬时速度的求法.

例 1 设有一质点做变速直线运动,其运动方程为 $s = s(t)$,求:质点在 t_0 时刻的瞬时速度 $v(t_0)$.

分析 如果质点做匀速直线运动,那么 t_0 时刻的瞬时速度 $v(t_0)$ 就是 t_0 到 $t_0 + \Delta t$ 这段时间内的平均速度,也就是:

$$v(t_0) = \bar{v} = \frac{s(t_0 + \Delta t) - s(t_0)}{\Delta t},$$

现在质点是做变速直线运动,我们用 t_0 到 $t_0 + \Delta t$ 这段时间内的平均速度来近似地代替 t_0 时刻的瞬时速度 $v(t_0)$.

由于速度是连续变化的,在 Δt 时间内,速度变化有限,所以质点在 t_0 时刻的瞬时速度

$$v(t_0) \approx \bar{v} = \frac{\Delta s}{\Delta t} = \frac{s(t_0 + \Delta t) - s(t_0)}{\Delta t},$$

$|\Delta t|$ 越小,$v(t_0)$ 与 $\bar{v}$ 越接近,当 $\Delta t \to 0$ 时,$\bar{v}$ 的极限值就是 $v(t_0)$,即

$$v(t_0) = \lim_{\Delta t \to 0} \frac{\Delta s}{\Delta t} = \lim_{\Delta t \to 0} \frac{s(t_0 + \Delta t) - s(t_0)}{\Delta t}.$$

也就是说,质点在 t_0 时刻的瞬时速度为位移(关于时间的函数)的增量与时间增量之比,当时间的增量趋向于 0 时的极限.

我们再来看一个求曲线在点 x_0 处切线斜率的例子.

我们知道曲线切线的定义是:设 P 是曲线 L 上的一个定点,Q 是曲线 L 上的另一个点,过点 P 与点 Q 作一条直线 PQ,称 PQ 为曲线 L 的**割线**,当点 Q 沿着曲线 L 趋向于定点 P 时,割线 PQ 的极限位置 PT 称为曲线 L 上点 P 处的**切线**(见图 2-1).

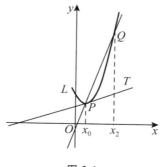

图 2-1

例 2　设曲线 L 的方程为 $y = f(x)$,求此曲线上点 $P(x_0, y_0)$ 处的切线斜率 k.

分析　如图 2-2 所示,割线 PQ 的倾角为 θ,切线的倾角为 α,则有:

$$\tan\theta = \frac{\Delta y}{\Delta x} = \frac{f(x_0 + \Delta x) - f(x_0)}{\Delta x},$$

Δx 越小,点 Q 越接近于点 P,PQ 越接近于 PT,θ 越接近于 α,$\tan\theta$ 越接近于 $\tan\alpha$,也就是斜率 k,即

$$k = \tan\alpha = \lim_{\Delta x \to 0} \frac{\Delta y}{\Delta x} = \lim_{\Delta x \to 0} \frac{f(x_0 + \Delta x) - f(x_0)}{\Delta x}.$$

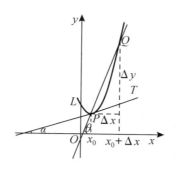

图 2-2

也就是说,曲线在点 P 处的切线斜率为函数的增量与自变量增量之比,当自变量的增量趋向于 0 时的极限.

数学的一个重要特性是抽象性,也就是要剥离种种表层的、千差万别的东西,直达表层、现象背后的本质的、共性的东西.例 1 和例 2 虽然一个是研究瞬时速度,一个是研究曲线的斜率,但是它们背后有共性,那就是:所求的瞬时速度和斜率实际上都是函数的增量与自变量增量之比,当自变量的增量趋向于 0 时的极限.

这一共性我们用"导数"来定义它.

2.1.2 导数的定义

设函数 $y = f(x)$ 在 x_0 的某个邻域内有定义,若极限

$$\lim_{\Delta x \to 0} \frac{\Delta y}{\Delta x} = \lim_{\Delta x \to 0} \frac{f(x_0 + \Delta x) - f(x_0)}{\Delta x}$$

存在,则称函数 $y = f(x)$ 在 x_0 处可导,并称此极限值为 $y = f(x)$ 在 x_0 处的**导数**.记作:

$$f'(x_0), \quad f'(x) \big|_{x=x_0}, \quad y' \big|_{x=x_0}, \quad \frac{\mathrm{d}y}{\mathrm{d}x} \bigg|_{x=x_0} \quad \text{或} \quad \frac{\mathrm{d}f(x)}{\mathrm{d}x} \bigg|_{x=x_0}.$$

即

$$f'(x_0) = \lim_{\Delta x \to 0} \frac{f(x_0 + \Delta x) - f(x_0)}{\Delta x}.$$

如果记 $x = x_0 + \Delta x$,由于 $\Delta x \to 0$ 时,有 $x \to x_0$,所以导数 $f'(x_0)$ 的定义也可以表示为:

$$f'(x_0) = \lim_{x \to x_0} \frac{f(x) - f(x_0)}{x - x_0}.$$

例 1 中质点在 t_0 时刻的瞬时速度 $v(t_0)$ 就是位移 $s(t)$ 在 t_0 时的导数,例 2 中曲线在 x_0 处的斜率就是函数 $f(x)$ 在 x_0 处的导数.

如果极限 $f'(x_0) = \lim\limits_{\Delta x \to 0} \dfrac{f(x_0 + \Delta x) - f(x_0)}{\Delta x}$ 不存在,则称函数 $f(x)$ 在 x_0 处**不可导**.

如果对于任一 $x \in (a, b)$,都对应着 $f(x)$ 的一个确定的导数值,这样就构成了一个新的函数.这个函数叫作原函数 $f(x)$ 的**导函数**,记作:

$$f'(x), \quad y', \quad \frac{\mathrm{d}y}{\mathrm{d}x} \quad \text{或} \quad \frac{\mathrm{d}f(x)}{\mathrm{d}x}.$$

同时也称 $f(x)$ 为开区间 (a, b) 内的可导函数.

2.1.3 用导数的定义求导数——"求导三部曲"

根据"2.1.2 导数的定义",求导数的过程可以概括为如下"三部曲":

(1) 求增量:$\Delta y = f(x + \Delta x) - f(x)$;

(2) 算比值:$\dfrac{\Delta y}{\Delta x}$;

(3) 取极限:$y' = \lim\limits_{\Delta x \to 0} \dfrac{\Delta y}{\Delta x}$.

例 3 求常数函数 $y = C$ （C 为常数）的导数.

解 求增量：

因为 $y = C$，即不论 x 取什么值，y 都等于 C，所以有

$$\Delta y = 0;$$

算比值：

$$\frac{\Delta y}{\Delta x} = 0.$$

取极限：

$$y' = \lim_{\Delta x \to 0} \frac{\Delta y}{\Delta x} = 0.$$

即

$$(C)' = 0.$$

这个结论可以当作公式来记.

例 4 求 $y = x^2$ 的导数.

解 求增量：

$$\Delta y = f(x + \Delta x) - f(x) = (x + \Delta x)^2 - x^2 = 2x\Delta x + (\Delta x)^2;$$

算比值：

$$\frac{\Delta y}{\Delta x} = \frac{2x\Delta x + (\Delta x)^2}{\Delta x} = 2x + \Delta x;$$

取极限：

$$y' = \lim_{\Delta x \to 0} \frac{\Delta y}{\Delta x} = \lim_{\Delta x \to 0}(2x + \Delta x) = 2x.$$

即

$$y' = 2x.$$

我们可以证得更为一般的幂函数的导数公式：

$$(x^\mu)' = \mu x^{\mu-1}, \quad （\mu \text{ 为任意实数}）.$$

例 5 求指数函数 $y = a^x$ （$a > 0, a \neq 1$）的导数.

解 求增量：

$$\Delta y = a^{x+\Delta x} - a^x;$$

算比值：

$$\frac{\Delta y}{\Delta x} = \frac{a^{x+\Delta x} - a^x}{\Delta x};$$

取极限：

$$y' = \lim_{\Delta x \to 0} \frac{\Delta y}{\Delta x} = \lim_{\Delta x \to 0} \frac{a^{x+\Delta x} - a^x}{\Delta x} = a^x \lim_{\Delta x \to 0} \frac{a^{\Delta x} - 1}{\Delta x}. \tag{2.1.1}$$

令 $a^{\Delta x} - 1 = t$，则

$$\Delta x = \log_a(1+t).$$

当 $\Delta x \to 0$ 时，$t \to 0$，故

$$\lim_{\Delta x \to 0} \frac{a^{\Delta x} - 1}{\Delta x} = \lim_{t \to 0} \frac{t}{\log_a(1+t)} = \lim_{t \to 0} \frac{t\ln a}{\ln(1+t)}. \qquad (2.1.2)$$

而当 $t \to 0$ 时，$\ln(1+t) \sim t$，所以

$$\lim_{t \to 0} \frac{t\ln a}{\ln(1+t)} = \ln a. \qquad (2.1.3)$$

把式(2.1.3)代入式(2.1.2)，再代入式(2.1.1)可得：

$$y' = a^x \lim_{\Delta x \to 0} \frac{a^{\Delta x} - 1}{\Delta x} = a^x \lim_{t \to 0} \frac{t\ln a}{\ln(1+t)} = a^x \ln a,$$

即

$$(a^x)' = a^x \ln a.$$

特别地，上式中令 $a = \mathrm{e}$，可得函数 $y = \mathrm{e}^x$ 的导数：

$$(\mathrm{e}^x)' = \mathrm{e}^x.$$

例 6 求对数函数 $y = \log_a x \quad (a > 0, a \neq 1, x > 0)$ 的导数.

解 求增量：

$$\Delta y = \log_a(x + \Delta x) - \log_a x = \log_a \frac{x + \Delta x}{x} = \log_a \left(1 + \frac{\Delta x}{x}\right);$$

算比值：

$$\frac{\Delta y}{\Delta x} = \frac{1}{\Delta x} \log_a \left(1 + \frac{\Delta x}{x}\right) = \frac{1}{x} \log_a \left(1 + \frac{\Delta x}{x}\right)^{\frac{x}{\Delta x}};$$

取极限：

$$y' = \lim_{\Delta x \to 0} \frac{\Delta y}{\Delta x} = \lim_{\Delta x \to 0} \left[\frac{1}{x} \log_a \left(1 + \frac{\Delta x}{x}\right)^{\frac{x}{\Delta x}}\right]$$

$$= \frac{1}{x} \lim_{\Delta x \to 0} \log_a \left(1 + \frac{\Delta x}{x}\right)^{\frac{x}{\Delta x}}$$

$$= \frac{1}{x} \log_a \mathrm{e} = \frac{1}{x\ln a},$$

即

$$(\log_a x)' = \frac{1}{x\ln a}.$$

特别地，上式中令 $a = \mathrm{e}$，可得自然对数函数 $y = \ln x$ 的导数：

$$(\ln x)' = \frac{1}{x}.$$

例 **7** 求正弦函数 $y = \sin x$ 的导数.

解 求增量：

$$\Delta y = \sin(x + \Delta x) - \sin x = 2\cos\left(x + \frac{\Delta x}{2}\right)\sin\frac{\Delta x}{2};$$

算比值：

$$\frac{\Delta y}{\Delta x} = \frac{2\cos\left(x + \frac{\Delta x}{2}\right)\sin\frac{\Delta x}{2}}{\Delta x};$$

取极限：

$$y' = \lim_{\Delta x \to 0}\frac{\Delta y}{\Delta x} = \lim_{\Delta x \to 0}\frac{2\cos\left(x + \frac{\Delta x}{2}\right)\sin\frac{\Delta x}{2}}{\Delta x}.$$

而当 $\Delta x \to 0$ 时，$\sin\frac{\Delta x}{2} \sim \frac{\Delta x}{2}$，故

$$\lim_{\Delta x \to 0}\frac{2\cos\left(x + \frac{\Delta x}{2}\right)\sin\frac{\Delta x}{2}}{\Delta x} = \lim_{\Delta x \to 0}\frac{2\cos\left(x + \frac{\Delta x}{2}\right)\frac{\Delta x}{2}}{\Delta x} = \cos x.$$

即

$$(\sin x)' = \cos x.$$

采用类似的方法可得：

$$(\cos x)' = -\sin x.$$

例 3、例 4、例 5、例 6、例 7 的结论经常会用到，我们把它们汇总一下，作为获得的**第一批基本导数公式**：

(1) $(C)' = 0$.

(2) $(x^\mu)' = \mu x^{\mu-1}$ （μ 为任意实数）.

(3) $(a^x)' = a^x \ln a$ （$a > 0, a \neq 1$）.

(4) $(e^x)' = e^x$.

(5) $(\log_a x)' = \dfrac{1}{x\ln a}$ （$a > 0, a \neq 1, x > 0$）.

(6) $(\ln x)' = \dfrac{1}{x}$ （$x > 0$）.

(7) $(\sin x)' = \cos x$.

(8) $(\cos x)' = -\sin x$.

2.1.4　左导数和右导数

从导数的定义可知，导数是一个极限，而极限有左极限、右极限的概念，对应地，导数也有左导数、右导数的概念.

左导数 极限 $\lim\limits_{\Delta x \to 0^-} \dfrac{\Delta y}{\Delta x} = \lim\limits_{\Delta x \to 0^-} \dfrac{f(x_0 + \Delta x) - f(x_0)}{\Delta x}$ 称为函数 $y = f(x)$ 在点 x_0 处的左导数,记为 $f'_-(x_0)$.

右导数 极限 $\lim\limits_{\Delta x \to 0^+} \dfrac{\Delta y}{\Delta x} = \lim\limits_{\Delta x \to 0^+} \dfrac{f(x_0 + \Delta x) - f(x_0)}{\Delta x}$ 称为函数 $y = f(x)$ 在点 x_0 处的右导数,记为 $f'_+(x_0)$.

类似定理 1.2.1,我们也有如下重要定理.

定理 2.1.1 函数 $y = f(x)$ 在点 x_0 处可导的充要条件是函数 $y = f(x)$ 在点 x_0 处的左、右导数都存在,而且相等.

也就是说:
$$f'(x_0) = a \Leftrightarrow f'_-(x_0) = f'_+(x_0) = a.$$

这个定理也是判断函数是否在某点可导的方法之一.

例 8 判断函数 $y = |x|$ 在 $x = 0$ 处是否可导.

解 当 $\Delta x > 0$ 时,$y = |x|$ 在 $x = 0$ 处的右导数为
$$f'_+(0) = \lim\limits_{\Delta x \to 0^+} \frac{\Delta y}{\Delta x} = \lim\limits_{\Delta x \to 0^+} \frac{\Delta x}{\Delta x} = 1;$$

当 $\Delta x < 0$ 时,$y = |x|$ 在 $x = 0$ 处的左导数为
$$f'_-(0) = \lim\limits_{\Delta x \to 0^-} \frac{\Delta y}{\Delta x} = \lim\limits_{\Delta x \to 0^-} \frac{-\Delta x}{\Delta x} = -1.$$

故有
$$f'_+(0) \neq f'_-(0).$$

根据定理 2.1.1 可得函数 $y = |x|$ 在 $x = 0$ 处不可导.

前面我们给出了开区间内导数的定义,现在我们再给出闭区间上导数的定义:如果 $f(x)$ 为开区间 (a,b) 内的可导函数,且 $f'_+(a)$ 及 $f'_-(b)$ 都存在,那么就称 $f(x)$ 为闭区间 $[a,b]$ 上的可导函数.

2.1.5 导数的几何意义

我们从例 2 中已经可以发现导数的几何意义,函数 $y = f(x)$ 在点 x_0 处的导数 $f'(x_0)$ 在几何上表示曲线 $y = f(x)$ 在点 $P(x_0, f(x_0))$ 处的切线的斜率(见图 2-3),即
$$f'(x_0) = \tan\alpha = k.$$

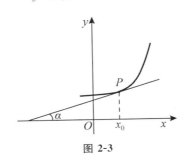

图 2-3

根据中学所学的解析几何中有关直线点斜式的知识,可得:

如果函数 $y = f(x)$ 在点 x_0 处可导,则曲线 $y = f(x)$ 在点 $P(x_0, f(x_0))$ 处的切线方程为:

$$y - f(x_0) = f'(x_0)(x - x_0);$$

曲线 $y = f(x)$ 在点 $P(x_0, f(x_0))$ 处的法线方程为:

$$y - f(x_0) = \frac{-1}{f'(x_0)}(x - x_0), \quad f'(x_0) \neq 0.$$

如果 $f'(x_0)$ 为无穷大,则说明切线垂直于 x 轴,故此时切线方程为 $x = x_0$.

函数 $y = f(x)$ 在点 x_0 处可导,在图像上表现出来就是"光滑",比如 $y = \sin x$ 在每一点处都可导,它的图像就显示出在每一点处都是光滑的. 又如,函数 $y = |x|$ 在 $x = 0$ 处不可导,反映在图像上,就是在 $x = 0$ 处是不光滑的,是一个"尖点"(见图 2-4).

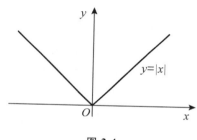

图 2-4

例 **9** 　求曲线 $y = x^2$ 在点 $(1,1)$ 处的切线方程和法线方程.

解　因为 $y' = 2x$,根据导数的几何意义可知:

$$k_{切} = y'\big|_{x=1} = 2,$$

故所求的切线方程为:

$$y - 1 = 2(x - 1),$$

即

$$2x - y - 1 = 0.$$

法线方程为:

$$y - 1 = -\frac{1}{2}(x - 1),$$

即

$$x + 2y - 3 = 0.$$

2.1.6　可导与连续的关系

定理 2.1.2　如果函数 $y = f(x)$ 在点 x_0 处可导,则 $y = f(x)$ 在点 x_0 处连续.

证明　因为 $f(x)$ 在点 x_0 处可导,所以

$$f'(x_0) = \lim_{\Delta x \to 0} \frac{\Delta y}{\Delta x}.$$

根据定理 1.4.2 极限与无穷小量的关系可得:

$$\frac{\Delta y}{\Delta x} = f'(x_0) + \alpha(x), \quad 其中 \lim_{\Delta x \to 0} \alpha(x) \to 0.$$

即

$$\Delta y = f'(x_0)\Delta x + \alpha(x)\Delta x,$$

所以有

$$\lim_{\Delta x \to 0} \Delta y = \lim_{\Delta x \to 0} [f'(x_0)\Delta x + \alpha(x)\Delta x] = 0.$$

即函数 $y = f(x)$ 在点 x_0 处连续.

定理 2.1.2 的逆定理不成立,比如 $y = |x|$ 在 $x = 0$ 处连续但不可导.

也就是说,**可导一定连续,连续不一定可导**. 有一句很有"数学味"的话:"人生只要处处连续,不必处处可导." 人的一生不可能一帆风顺,不可能时时、处处"光滑",一定会碰到困难、挫折甚至接二连三的失败,我们一定要有面对困难和挫折的勇气,要坚忍不拔地坚持真理,找出从失败走向胜利的路径. 道路是曲折的,前途是光明的,切不可一碰到困难和挫折就自暴自弃,出现人生的"断裂".

个人如此,国家亦然. 中华民族在几千年的历史流变中,从来不是一帆风顺的,遇到了无数的艰难困苦. 习近平总书记在党的二十大报告中指出:"全面建设社会主义现代化国家,是一项伟大而艰巨的事业,前途光明,任重道远.""全党必须坚定信心、锐意进取,主动识变应变求变,主动防范化解风险,不断夺取全面建设社会主义现代化国家新胜利!"[①]

例 10 讨论函数 $f(x) = \begin{cases} 2x+1, & x < 0, \\ x^2+1, & x \geqslant 0 \end{cases}$ 在 $x = 0$ 处的连续性与可导性.

解 $x = 0$ 是分段函数的分段点,讨论其连续性与可导性,均要对其左、右两侧情况加以讨论.

因为

$$\lim_{x \to 0^-} f(x) = \lim_{x \to 0^-} (2x+1) = 1,$$

$$\lim_{x \to 0^+} f(x) = \lim_{x \to 0^+} (x^2+1) = 1,$$

$$f(0) = 1,$$

所以

$$\lim_{x \to 0^-} f(x) = \lim_{x \to 0^+} f(x) = f(0) = 1,$$

———————

① 《党的二十大报告学习辅导百问》编写组. 党的二十大报告学习辅导百问[M]. 北京:党建读物出版社,2022:19,21.

44

即 $f(x)$ 在 $x = 0$ 处连续.

又因为

$$\lim_{\Delta x \to 0^-} \frac{\Delta y}{\Delta x} = \lim_{\Delta x \to 0^-} \frac{f(0 + \Delta x) - f(0)}{\Delta x} = \lim_{\Delta x \to 0^-} \frac{[2(0 + \Delta x) + 1] - 1}{\Delta x} = 2,$$

$$\lim_{\Delta x \to 0^+} \frac{\Delta y}{\Delta x} = \lim_{\Delta x \to 0^+} \frac{f(0 + \Delta x) - f(0)}{\Delta x} = \lim_{\Delta x \to 0^+} \frac{[(0 + \Delta x)^2 + 1] - 1}{\Delta x} = 0,$$

所以

$$f'_-(0) \neq f'_+(0),$$

即 $f(x)$ 在 $x = 0$ 处不可导.

连续、可导都和极限有关,三者之间有一定的联系,但又有本质上的区别,我们在这里用表 2-1 来简要概括.

表 2-1

对比项	表达式	判断条件	备注
极限	$\lim\limits_{x \to x_0} f(x) = a$	左、右极限都存在,而且相等	极限值不一定等于该点的函数值,甚至在点 x_0 处有极限不一定表示在点 x_0 处有函数值,反之亦然
连续	$\lim\limits_{x \to x_0} f(x) = f(x_0)$	左、右极限都存在,而且相等,且等于该点处的函数值	在该点的极限值等于该点的函数值
可导	$f'(x_0) = \lim\limits_{\Delta x \to 0} \frac{\Delta y}{\Delta x} = a$	左、右导数都存在,而且相等	导数值和函数值没有必然联系,但是可导一定连续

习题 2.1

1.用导数的定义求 $y = \cos x$ 的导数.

2.假定下列各题中 $f'(x_0)$ 均存在,用导数的定义求出下列极限:

(1) $\lim\limits_{\Delta x \to 0} \dfrac{f(x_0 - \Delta x) - f(x_0)}{\Delta x}$;

(2) $\lim\limits_{\Delta x \to 0} \dfrac{f(x_0 + \Delta x) - f(x_0 - \Delta x)}{\Delta x}$.

3.求下列函数的导数:

(1) $y = x^{2023}$;

(2) $y = \dfrac{\sqrt[3]{x^7}}{x^7 \sqrt[5]{x}}$;

(3) $y = \ln 3$;

$(4) y = \log_5 x$;

$(5) y = 2030^x$.

4. 讨论下列函数在 $x = 0$ 处是否连续、是否可导:

$(1) y = |\sin x|$;

$(2) y = |\cos x|$;

$(3) y = \begin{cases} x\sin\dfrac{1}{x}, & x \neq 0, \\ 0, & x = 0. \end{cases}$

5. 如果函数 $y = f(x)$ 在点 x_0 处的导数 $f'(x_0) = \infty$(或 $f'(x_0) = 0$),讨论函数 $y = f(x)$ 在点 $P(x_0, f(x_0))$ 处的法线方程情况.

6. 求曲线 $y = \cos x$ 上的点 $\left(-\dfrac{\pi}{3}, \dfrac{1}{2}\right)$ 处的切线方程和法线方程.

2.2　导数的运算

在上一节中我们学习了导数的概念,并学习了利用导数的定义求导数的"求导三部曲",利用这个"求导三部曲"我们也可以求出一些函数的导数,但是我们发现用定义去求导有时是很繁琐的,比如推导

$$(a^x)' = a^x \ln a \quad (a > 0, a \neq 1),$$

$$(x^\mu)' = \mu x^{\mu-1} \quad (\mu \text{ 为任意实数}),$$

其过程都不是太简单. 甚至有些函数的导数用导数的定义根本无法求出. 所以,我们还要寻找其他求导的方法. 这一节我们就来探讨函数和、差、积、商的求导法则,以及复合函数的导数和反函数的求导法则,并通过它们推导出更多的基本导数公式.

2.2.1　函数和、差、积、商的求导法则

通过"1.3　极限的运算法则"一节的学习,我们知道:极限的四则运算性能是比较完美的,四则运算"全封闭". 也可以简单地说:两个函数和、差、积、商的极限等于这两个函数极限的和、差、积、商. 那么两个函数和、差、积、商的导数还是等于这两个函数导数的和、差、积、商吗?答案是否定的!我们有下面的定理.

定理 2.2.1　　如果函数 $u(x), v(x)$ 在点 x 处可导,则它们的和、差、积、商(分母不为 0) 在点 x 处也可导,并且有:

(1) $[u(x) \pm v(x)]' = u'(x) \pm v'(x)$;

(2) $[u(x) \cdot v(x)]' = u'(x)v(x) + u(x)v'(x)$;

(3) $\left[\dfrac{u(x)}{v(x)}\right]' = \dfrac{u'(x)v(x) - u(x)v'(x)}{v^2(x)} \quad (v(x) \neq 0).$

在法则(2) 中如果令 $v(x) = C, C$ 为常数,那么就可以得到:

$$[Cu(x)]' = Cu'(x).$$

法则(1)、法则(2) 可以推广到有限个函数,这就是下面的推论.

推论

(1) $\left[\sum\limits_{i=1}^{n} f_i(x)\right]' = \sum\limits_{i=1}^{n} f_i'(x)$;

(2) $\left[\prod\limits_{i=1}^{n} f_i(x)\right]' = f_1'(x)f_2(x)\cdots f_n(x) + f_1(x)f_2'(x)\cdots f_n(x) + \cdots + f_1(x)f_2(x)\cdots f_n'(x).$

例 **1** 求 $y = x\sin x + 2\cos x - x^2 - 1$ 的导数.

解 $\quad y' = (x\sin x + 2\cos x - x^2 - 1)'$

$\qquad = (x\sin x)' + (2\cos x)' - (x^2)' - (1)'$

$\qquad = \sin x + x\cos x - 2\sin x - 2x - 0$

$\qquad = x\cos x - \sin x - 2x.$

例 **2** 已知 $y = \sqrt[3]{x} + 3\ln x - \log_3 6$，求 $y'\big|_{x=1}$.

解 $\quad$ 因为 $y = \sqrt[3]{x} + 3\ln x - \log_3 6$，所以

$$y' = \frac{1}{3}x^{-\frac{2}{3}} + 3 \cdot \frac{1}{x} - 0 = \frac{1}{3}x^{-\frac{2}{3}} + \frac{3}{x},$$

则有

$$y'\bigg|_{x=1} = \frac{1}{3} + 3 = \frac{10}{3}.$$

例 **3** 求 $y = \tan x$ 的导数.

解 $\quad y' = (\tan x)' = \left(\dfrac{\sin x}{\cos x}\right)' = \dfrac{(\sin x)'\cos x - \sin x(\cos x)'}{\cos^2 x}$

$\qquad = \dfrac{\cos^2 x + \sin^2 x}{\cos^2 x} = \dfrac{1}{\cos^2 x} = \sec^2 x,$

即

$$(\tan x)' = \sec^2 x.$$

同理可得：

$$(\cot x)' = -\csc^2 x.$$

例 **4** 求 $y = \sec x$ 的导数.

解 $\quad y' = (\sec x)' = \left(\dfrac{1}{\cos x}\right)' = \dfrac{\sin x}{\cos^2 x} = \dfrac{1}{\cos x} \cdot \tan x = \sec x \cdot \tan x,$

即

$$(\sec x)' = \sec x \cdot \tan x.$$

同理可得：

$$(\csc x)' = -\csc x \cdot \cot x.$$

基于上述四个结论，我们获得了**第二批基本导数公式**：

(9) $(\tan x)' = \sec^2 x.$

(10) $(\cot x)' = -\csc^2 x.$

(11) $(\sec x)' = \sec x \cdot \tan x.$

(12) $(\csc x)' = -\csc x \cdot \cot x.$

2.2.2　复合函数的求导法则

有关复合函数的导数,有下面的定理:

定理 2.2.2　如果函数 $u = \varphi(x)$ 在点 x 处可导,而 $y = f(u)$ 在对应的 u 处可导,则复合函数 $y = f[\varphi(x)]$ 在点 x 处可导,且其导数为

$$\frac{\mathrm{d}y}{\mathrm{d}x} = \frac{\mathrm{d}y}{\mathrm{d}u} \cdot \frac{\mathrm{d}u}{\mathrm{d}x} = f'(u) \cdot \varphi'(x).$$

也可以写成:

$$y_x' = y_u' \cdot u_x'.$$

也就是说,因变量对自变量求导,等于因变量对中间变量求导,乘以中间变量对自变量求导.这个法则也称为**链式法则**.

链式法则可以推广至有限次复合的函数,比如两次复合的函数有下面的法则:

设 $y = f(u), u = g(v), v = h(x)$,则复合函数 $y = f\{g[h(x)]\}$ 的导数为

$$\frac{\mathrm{d}y}{\mathrm{d}x} = \frac{\mathrm{d}y}{\mathrm{d}u} \cdot \frac{\mathrm{d}u}{\mathrm{d}v} \cdot \frac{\mathrm{d}v}{\mathrm{d}x}.$$

这里再对复合函数的有关导数表示法作个说明:对于复合函数 $y = f[\varphi(x)]$(这里不妨令 $\varphi(x) = u$),$f'[\varphi(x)]$ 表示的是 y 对 u 求导,即 $\frac{\mathrm{d}y}{\mathrm{d}u}$;而 $\{f[\varphi(x)]\}'$ 表示的是 y 对 x 求导,即 $\frac{\mathrm{d}y}{\mathrm{d}x}$.

例 5　求函数 $y = (1+2x)^{-3}$ 的导数.

解　设 $y = u^{-3}$,　$u = 1+2x$,则有

$$\frac{\mathrm{d}y}{\mathrm{d}x} = \frac{\mathrm{d}y}{\mathrm{d}u} \cdot \frac{\mathrm{d}u}{\mathrm{d}x} = (u^{-3})'_u (1+2x)'_x = -3u^{-3-1} \times 2 = -6(1+2x)^{-4}.$$

例 6　求函数 $y = \ln\cos x$ 的导数.

解　设 $y = \ln u$,　$u = \cos x$,则有

$$y' = (\ln u)'_u (\cos x)'_x = \frac{1}{u}(-\sin x) = -\tan x.$$

熟练掌握以后,运算过程中可不必再出现中间变量.

例 7　求函数 $y = \ln \dfrac{\sqrt{x^2+1}}{\sqrt[3]{x-2}}$　$(x > 2)$ 的导数.

解　因为

$$y = \frac{1}{2}\ln(x^2+1) - \frac{1}{3}\ln(x-2),$$

所以

$$y' = \frac{1}{2} \cdot \frac{1}{x^2+1} \cdot 2x - \frac{1}{3(x-2)} = \frac{x}{x^2+1} - \frac{1}{3(x-2)}.$$

例 8$^\bullet$ 求函数 $y = \mathrm{e}^{\sin\frac{1}{x}}$ 的导数.

解 $y' = \mathrm{e}^{\sin\frac{1}{x}} \left(\sin\frac{1}{x}\right)' = \mathrm{e}^{\sin\frac{1}{x}} \cdot \cos\frac{1}{x} \cdot \left(\frac{1}{x}\right)' = -\frac{1}{x^2}\mathrm{e}^{\sin\frac{1}{x}} \cdot \cos\frac{1}{x}.$

2.2.3 反函数的求导法则

有关反函数求导,有下面的定理:

定理 2.2.3 如果单调函数 $x = \varphi(y)$ 在某区间内可导,且 $\varphi'(y) \neq 0$,那么它的反函数 $y = f(x)$ 在对应区间内也可导,且有

$$f'(x) = \frac{1}{\varphi'(y)}.$$

即反函数的导数等于直接函数导数的倒数.

证明 因为

$$x = \varphi(y) = \varphi[f(x)],$$

上式两边对 x 求导,可得:

$$1 = \varphi_y' \cdot f_x',$$

即

$$1 = \frac{\mathrm{d}\varphi}{\mathrm{d}y} \cdot \frac{\mathrm{d}y}{\mathrm{d}x},$$

所以

$$\frac{\mathrm{d}y}{\mathrm{d}x} = \frac{1}{\frac{\mathrm{d}\varphi}{\mathrm{d}y}} \quad \left(\frac{\mathrm{d}\varphi}{\mathrm{d}y} = \varphi'(y) \neq 0\right),$$

即

$$f'(x) = \frac{1}{\varphi'(y)} \quad (\varphi'(y) \neq 0).$$

例 9$^\bullet$ 求函数 $y = \arcsin x$ 的导数.

解 因为 $x = \sin y$ 在开区间 $\left(-\frac{\pi}{2}, \frac{\pi}{2}\right)$ 内单调、可导,且

$$(\sin y)' = \cos y > 0,$$

所以在 $(-1,1)$ 内有

$$(\arcsin x)' = \frac{1}{(\sin y)'} = \frac{1}{\cos y} = \frac{1}{\sqrt{1-\sin^2 y}} = \frac{1}{\sqrt{1-x^2}},$$

即

$$(\arcsin x)' = \frac{1}{\sqrt{1-x^2}}.$$

同理可得：

$$(\arccos x)' = -\frac{1}{\sqrt{1-x^2}},$$

$$(\arctan x)' = \frac{1}{1+x^2},$$

$$(\operatorname{arccot} x)' = -\frac{1}{1+x^2}.$$

这四个结论,是我们获得的**第三批基本导数公式**.

至此,我们已经获得总共 16 个基本导数公式,这些基本导数的公式非常重要,要熟练掌握,我们把它们汇总如下.

基本导数公式：

(1) $(C)' = 0.$

(2) $(x^\mu)' = \mu x^{\mu-1}$　（μ 为任意实数）.

(3) $(a^x)' = a^x \ln a$　$(a > 0, a \neq 1).$

(4) $(\mathrm{e}^x)' = \mathrm{e}^x.$

(5) $(\log_a x)' = \dfrac{1}{x \ln a}$　$(a > 0, a \neq 1, x > 0).$

(6) $(\ln x)' = \dfrac{1}{x}$　$(x > 0).$

(7) $(\sin x)' = \cos x.$

(8) $(\cos x)' = -\sin x.$

(9) $(\tan x)' = \sec^2 x.$

(10) $(\cot x)' = -\csc^2 x.$

(11) $(\sec x)' = \sec x \cdot \tan x.$

(12) $(\csc x)' = -\csc x \cdot \cot x.$

(13) $(\arcsin x)' = \dfrac{1}{\sqrt{1-x^2}}.$

(14) $(\arccos x)' = -\dfrac{1}{\sqrt{1-x^2}}.$

(15) $(\arctan x)' = \dfrac{1}{1+x^2}.$

(16) $(\operatorname{arccot} x)' = -\dfrac{1}{1+x^2}.$

2.2.4　高阶导数

中学物理告诉我们位移的变化率是速度,速度的变化率是加速度.通过第 2.1.1

节的学习，我们知道瞬时速度 $v(t)$ 是位移 $s(t)$ 的导数，那么瞬时加速度就是瞬时速度 $v(t)$ 的导数。由此可知，瞬时加速度就是位移 $s(t)$ 的导数的导数。在数学上，我们称瞬时加速度就是位移 $s(t)$ 的二阶导数.

我们有这样的定义：

定义　　如果函数 $y = f(x)$ 的导数 $f'(x)$ 可导，则称 $f'(x)$ 的导数为函数 $y = f(x)$ 的**二阶导数**，记作：

$$y'', \quad f''(x), \quad \frac{\mathrm{d}^2 y}{\mathrm{d}x^2} \quad 或 \quad \frac{\mathrm{d}^2 f(x)}{\mathrm{d}x^2}.$$

其中

$$f''(x) = \lim_{\Delta x \to 0} \frac{f'(x + \Delta x) - f'(x)}{\Delta x} = \left[f'(x) \right]',$$

$$y'' = (y')',$$

$$\frac{\mathrm{d}^2 y}{\mathrm{d}x^2} = \frac{\mathrm{d}}{\mathrm{d}x} \left(\frac{\mathrm{d}y}{\mathrm{d}x} \right),$$

$$\frac{\mathrm{d}^2 f(x)}{\mathrm{d}x^2} = \frac{\mathrm{d}}{\mathrm{d}x} \left[\frac{\mathrm{d}f(x)}{\mathrm{d}x} \right].$$

这里二阶导数为什么表示成 $\frac{\mathrm{d}^2 y}{\mathrm{d}x^2}$，而不表示成 $\frac{\mathrm{d}^2 y}{\mathrm{d}^2 x}$ 或 $\frac{\mathrm{d}y^2}{\mathrm{d}x^2}$？我们可以这样来理解：$\frac{\mathrm{d}^2 y}{\mathrm{d}x^2} = \frac{\mathrm{d}}{\mathrm{d}x} \left(\frac{\mathrm{d}y}{\mathrm{d}x} \right)$，$\frac{\mathrm{d}}{\mathrm{d}x} \left(\frac{\mathrm{d}y}{\mathrm{d}x} \right)$ 的分子是两个 d "相乘"，所以是 $\mathrm{d}^2 y$，分母是两个 $\mathrm{d}x$ "相乘"，所以是 $(\mathrm{d}x)^2$，但 $\mathrm{d}x$ 是一个整体，所以 $(\mathrm{d}x)^2$ 可以写成 $\mathrm{d}x^2$。但是要注意，$\mathrm{d}x^2$ 不等于 $\mathrm{d}(x^2)$，我们学了下一节微分的知识后会明白 $\mathrm{d}(x^2) = 2x\mathrm{d}x$。类似地，我们也可以理解二阶导数为什么表示成 $\frac{\mathrm{d}^2 f(x)}{\mathrm{d}x^2}$，而不表示成 $\frac{\mathrm{d}^2 f(x)}{\mathrm{d}^2 x}$ 或 $\frac{\mathrm{d} \left[f(x) \right]^2}{\mathrm{d}x^2}$。

由此可见，数学语言的表述是非常严谨的，失之毫厘，差之千里.

类似地，这个定义可以推广到 $y = f(x)$ 的更高阶导数，如 $y = f(x)$ 的 $n-1$ 阶导数的导数称为 $y = f(x)$ 的 **n 阶导数**.

三阶导数记作：

$$y''', \quad f'''(x), \quad \frac{\mathrm{d}^3 y}{\mathrm{d}x^3} \quad 或 \quad \frac{\mathrm{d}^3 f(x)}{\mathrm{d}x^3}.$$

n 阶（四阶及以上）导数记作：

$$y^{(n)}, \quad f^{(n)}(x), \quad \frac{\mathrm{d}^n y}{\mathrm{d}x^n} \quad 或 \quad \frac{\mathrm{d}^n f(x)}{\mathrm{d}x^n}.$$

相应地，我们把函数 $y = f(x)$ 的导数 $f'(x)$ 叫作函数 $y = f(x)$ 的**一阶导数**.

函数 $y = f(x)$ 具有 n 阶导数，也常说成函数 $y = f(x)$ 为 n 阶可导。如果函数 $y = f(x)$ 在点 x 处具有 n 阶导数，那么 $y = f(x)$ 在点 x 的某一邻域内必定具有一切低于 n 阶的导数。二阶及二阶以上的导数统称为**高阶导数**.

由高阶导数的定义可知,求函数的高阶导数就是将函数逐次求导,因此,本节学习的导数运算法则和基本导数公式仍然适用于高阶导数的计算.

例 10　已知 $y = \mathrm{e}^{-x^2}$,求 y''.

解　因为 $y = \mathrm{e}^{-x^2}$,则有

$$y' = \mathrm{e}^{-x^2} \cdot (-2x) = -2x\mathrm{e}^{-x^2},$$
$$y'' = -2[\mathrm{e}^{-x^2} + x\mathrm{e}^{-x^2} \cdot (-2x)] = 4x^2\mathrm{e}^{-x^2} - 2\mathrm{e}^{-x^2} = 2\mathrm{e}^{-x^2}(2x^2 - 1).$$

例 11　已知 $y = a^x$,求 $y^{(n)}$.

解　因为 $y = a^x$,则有

$$y' = a^x \ln a,$$
$$y'' = a^x \ln^2 a,$$
$$\cdots\cdots\cdots\cdots$$
$$y^{(n)} = a^x \ln^n a.$$

例 12　已知 $y = \sin x$,求 $y^{(n)}$.

解　因为 $y = \sin x$,则有

$$y' = \cos x = \sin\left(x + \frac{\pi}{2}\right),$$

$$y'' = \cos\left(x + \frac{\pi}{2}\right) = \sin\left(x + \frac{\pi}{2} \cdot 2\right),$$

$$y''' = \cos\left(x + \frac{\pi}{2} \cdot 2\right) = \sin\left(x + \frac{\pi}{2} \cdot 3\right),$$

$$y^{(4)} = \cos\left(x + \frac{3}{2}\pi\right) = \sin\left(x + \frac{\pi}{2} \cdot 4\right),$$

$$\cdots\cdots\cdots\cdots$$

$$y^{(n)} = \sin\left(x + \frac{n}{2}\pi\right).$$

在求解类似于例 11、例 12 这样的题目时,我们需要在逐次求导的过程中,寻求其规律.

例 13　证明 $y = \sqrt{2x - x^2}$ 满足关系式 $y^3 y'' + 1 = 0$ $(0 < x < 2)$.

证明　因为 $y = \sqrt{2x - x^2}$,所以有

$$y' = \frac{1}{2\sqrt{2x - x^2}} \cdot (2 - 2x) = \frac{1 - x}{\sqrt{2x - x^2}},$$

$$y'' = \frac{(-1)\sqrt{2x - x^2} - (1 - x)\dfrac{2 - 2x}{2\sqrt{2x - x^2}}}{2x - x^2}$$

$$= \frac{-(2x - x^2) - (1-x)^2}{(2x - x^2)^{\frac{3}{2}}}$$

$$= \frac{-2x + x^2 - 1 + 2x - x^2}{(2x - x^2)^{\frac{3}{2}}}$$

$$= \frac{-1}{y^3}.$$

所以

$$y^3 y'' = -1,$$

即

$$y^3 y'' + 1 = 0.$$

 习题 2.2

1.求下列函数的导数：

(1)$y = x^3 + 3x\cos x$；

(2)$y = \dfrac{1 + \sin x}{1 - \cos x}$；

(3)$y = \tan x + e^x - 2\text{arccot} x$；

(4)$y = (x - a)(x - b)$ （其中 a, b 为常数）；

(5)$y = 2\arcsin x + \sqrt[5]{x} - \dfrac{1}{e^3}\arccos x$.

2.求下列函数的导数：

(1)$y = x\sqrt{1 + x^2}$；

(2)$y = \dfrac{x}{\sqrt{4 - x^2}}$；

(3)$y = (x^2 - x)^6$；

(4)$y = \ln(\tan x)$；

(5)$y = (\sin\sqrt{1 - 2x})^2$.

3.已知 $f(x)$ 可导,求下列函数的导数：

(1)$y = [f(x)]^2$；

(2)$y = \arctan[f(x)]^2$；

(3)$y = \ln\{1 + [f(x)]^2\}$.

4.如果把定理 2.2.3 中的"单调"两字去掉,结论还成立吗?为什么?

5.求下列函数的二阶导数：

（1）$y = 2x\cos x$；

（2）$y = (x^2 - 1)\arctan x$；

（3）$y = \ln(x + \sqrt{1 + x^2})$.

6.求下列函数的 n 阶导数 $y^{(n)}$：

（1）$y = \cos x$；

（2）$y = x^{\mu}$　（其中 μ 为任意常数）.

2.3 微分

2.3.1 微分的概念

我们先来看一个例子：

引例 一块正方形金属薄片受温度的影响，发生热胀冷缩现象，其边长由 x 变到 $x+\Delta x$，问此薄片面积改变了多少？

分析 如图 2-5 所示，设薄片边长为 x，面积为 y，则 $y=f(x)=x^2$，

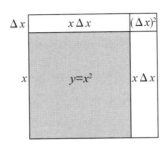

图 2-5

当 x 增加 Δx 时，面积的增量为

$$\Delta y = (x+\Delta x)^2 - x^2 = 2x\Delta x + (\Delta x)^2 = f'(x)\Delta x + (\Delta x)^2.$$

当 Δx 很小时，$(\Delta x)^2$ 比 $f'(x)\Delta x$ 要小得多，当 $\Delta x \to 0$ 时，$(\Delta x)^2$ 对于 $f'(x)\Delta x$ 来说就可以忽略不计. 这样，在一定的精度要求下，我们就可以用 $f'(x)\Delta x$ 来近似地代替 Δy.

我们来研究更为一般的结论.

因为 $\lim\limits_{\Delta x \to 0} \dfrac{\Delta y}{\Delta x} = f'(x)$，由定理 1.4.2 可知：

$$\frac{\Delta y}{\Delta x} = f'(x) + \alpha(\Delta x) \quad (\text{当 } \Delta x \to 0 \text{ 时}, \alpha(\Delta x) \to 0),$$

即

$$\Delta y = f'(x)\Delta x + \alpha(\Delta x)\Delta x \quad (\text{当 } \Delta x \to 0 \text{ 时}, \alpha(\Delta x) \to 0).$$

显然，当 $\Delta x \to 0$ 时，$\alpha(\Delta x)\Delta x$ 是 Δx 的高阶无穷小量.

所以，在一定的精度下，$\alpha(\Delta x)\Delta x$ 对于 $f'(x)\Delta x$ 来说就可以忽略不计. 我们抓大放小，抓住主要矛盾和矛盾的主要方面，就可以用线性主部 $f'(x)\Delta x$ 来近似地代替 Δy，即

$$\Delta y \approx f'(x)\Delta x.$$

我们把 $f'(x)\Delta x$ 叫作函数在 x 处的**微分**,记作 $\mathrm{d}y$,即

$$\mathrm{d}y = f'(x)\Delta x. \tag{2.3.1}$$

观察函数 $y = x$,自变量的微分 $\mathrm{d}x$ 就是这个函数的微分 $\mathrm{d}y$,故 $\mathrm{d}x = (x)'\Delta x = \Delta x$. 也就是说,自变量的微分等于自变量的增量.

所以,式(2.3.1)可以改写成:

$$\mathrm{d}y = f'(x)\mathrm{d}x.$$

一般地,我们有这样的定义:

定义　如果函数 $y = f(x)$ 在点 x_0 处可导,则称 $f'(x_0)\mathrm{d}x$ 为函数 $y = f(x)$ 在点 x_0 处的**微分**(或称 $f(x)$ 在点 x_0 处可微),记作:

$$\mathrm{d}y\big|_{x=x_0} = f'(x)\mathrm{d}x.$$

如果函数 $y = f(x)$ 在区间 (a,b) 内每一点都可微,则函数 $y = f(x)$ 是区间 (a,b) 内的**可微函数**. 此时,函数 $y = f(x)$ 在区间 (a,b) 内任意一点 x 处的微分记为 $\mathrm{d}y$,即

$$\mathrm{d}y = f'(x)\mathrm{d}x.$$

把 $\mathrm{d}y = f'(x)\mathrm{d}x$ 两端同除以 $\mathrm{d}x$,得:

$$\frac{\mathrm{d}y}{\mathrm{d}x} = f'(x).$$

这就是说,函数 $f(x)$ 的导数等于函数的微分与自变量的微分的商,因此导数也称为微商.

微分与导数的关系是极为密切的,函数 $y = f(x)$ 在点 x 处可微的充要条件是函数在点 x 处可导. 所以也可以说,可微与可导是等价的,求微分 $\mathrm{d}y$ 时,也可以先求出导数 $f'(x)$,再将 $f'(x)$ 乘以 $\mathrm{d}x$.

例 　函数 $y = x^2$,求 $\mathrm{d}y$.

解　$\mathrm{d}y = (x^2)'\mathrm{d}x = 2x\mathrm{d}x.$

例 2　函数 $y = x^2$,求在 $x = 1$ 处的微分.

解　因为

$$\mathrm{d}y = (x^2)'\mathrm{d}x = 2x\mathrm{d}x,$$

故有

$$\mathrm{d}y\big|_{x=1} = 2\mathrm{d}x.$$

例 3　函数 $y = x^2$,求当 $x = 1, \Delta x = 0.01$ 时的微分.

解　因为

$$\mathrm{d}y = (x^2)'\mathrm{d}x = 2x\mathrm{d}x,$$

故有

$$\left. \mathrm{d}y \right|_{\substack{x=1 \\ \Delta x=0.01}} = 2 \times 1 \times 0.01 = 0.02.$$

2.3.2 微分的几何意义

为了对微分有比较直观的了解,我们来说明微分的几何意义.

如图 2-6 所示,函数 $y=f(x)$ 的图像是一条曲线,过曲线上的点 $M(x,y)$ 作切线 MT,切线 MT 的倾角为 α,则

$$\tan\alpha = f'(x).$$

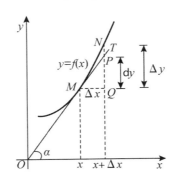

图 2-6

当自变量 x 有微小的增量 Δx 时,切线 MT 的纵坐标相应地有增量

$$QP = \tan\alpha \cdot \Delta x = f'(x)\Delta x = \mathrm{d}y.$$

所以微分的几何意义是切线纵坐标的增量.从图 2-6 也可以看出,当 Δx 很小时,

$$\Delta y \approx \mathrm{d}y.$$

2.3.3 基本微分公式

因为 $\mathrm{d}y = f'(x)\mathrm{d}x$,所以根据基本导数公式,就可以得到**基本微分公式**:

(1)$\mathrm{d}(C) = 0$.

(2)$\mathrm{d}(x^\mu) = \mu x^{\mu-1}\mathrm{d}x$ (μ 为任意实数).

(3)$\mathrm{d}(a^x) = a^x \ln a\mathrm{d}x$ ($a>0, a \neq 1$).

(4)$\mathrm{d}(\mathrm{e}^x) = \mathrm{e}^x\mathrm{d}x$.

(5)$\mathrm{d}(\log_a x) = \dfrac{1}{x\ln a}\mathrm{d}x$ ($a>0, a \neq 1, x>0$).

(6)$\mathrm{d}(\ln x) = \dfrac{1}{x}\mathrm{d}x$ ($x>0$).

(7)$\mathrm{d}(\sin x) = \cos x\mathrm{d}x$.

(8)$\mathrm{d}(\cos x) = -\sin x\mathrm{d}x$.

(9)$\mathrm{d}(\tan x) = \sec^2 x\mathrm{d}x$.

(10)$\mathrm{d}(\cot x) = -\csc^2 x\mathrm{d}x$.

(11)$d(\sec x) = \sec x \cdot \tan x dx$.

(12)$d(\csc x) = -\csc x \cdot \cot x dx$.

(13)$d(\arcsin x) = \dfrac{1}{\sqrt{1-x^2}} dx$.

(14)$d(\arccos x) = -\dfrac{1}{\sqrt{1-x^2}} dx$.

(15)$d(\arctan x) = \dfrac{1}{1+x^2} dx$.

(16)$d(\text{arccot} x) = -\dfrac{1}{1+x^2} dx$.

2.3.4　函数和、差、积、商的微分运算法则

设 $u = u(x), v = v(x)$ 都可微,则有:

(1)$d(u \pm v) = du \pm dv$;

(2)$d(uv) = vdu + udv$;

(3)$d\left(\dfrac{u}{v}\right) = \dfrac{vdu - udv}{v^2}$　$(v \neq 0)$.

上述结论很容易从导数的四则运算法则得出.

在法则(2)中,令 $v(x)$ 等于常数 C,就可以得到:
$$d(Cu) = Cdu.$$

2.3.5　复合函数的微分法则

设 $y = f(u)$ 和 $u = \varphi(x)$ 在相应的点处可微,则复合函数 $y = f[\varphi(x)]$ 可微,且
$$dy = y_x' dx = y_u' u_x' dx = f'(u)\varphi'(x)dx = f'(u)du = y_u' du.$$

也就是说,复合函数 $y = f[\varphi(x)]$ 的微分可以写成
$$dy = y_x' dx \quad 或 \quad dy = y_u' du.$$

即无论 u 是自变量还是中间变量,微分形式 $dy = y_u' du$ 或 $dy = f'(u)du$ 保持不变. 这一性质称为**微分形式不变性**.

形式不变性对于导数而言是不成立的,从这点上讲,求复合函数的微分有时比求复合函数的导数方便.

例 4　已知 $y = \sin(2x+1)$,求 dy.

解法 1　因为 $y = \sin(2x+1)$,所以
$$dy = \cos(2x+1)d(2x+1)$$
$$= \cos(2x+1)(d2x + d1)$$
$$= \cos(2x+1)(2dx + 0)$$

$$= 2\cos(2x+1)\mathrm{d}x.$$

解法 2　因为 $y = \sin(2x+1)$，所以

$$y' = 2\cos(2x+1),$$
$$\mathrm{d}y = y'\mathrm{d}x = 2\cos(2x+1)\mathrm{d}x.$$

例 5 　已知 $y = \mathrm{e}^{-3x}\cos2x$，求 $\mathrm{d}y$.

解　因为 $y = \mathrm{e}^{-3x}\cos2x$，所以

$$\mathrm{d}y = \cos2x\mathrm{d}(\mathrm{e}^{-3x}) + \mathrm{e}^{-3x}\mathrm{d}(\cos2x)$$
$$= \cos2x\,\mathrm{e}^{-3x}\mathrm{d}(-3x) - \mathrm{e}^{-3x}\sin2x\mathrm{d}(2x)$$
$$= -3\cos2x\,\mathrm{e}^{-3x}\mathrm{d}x - 2\mathrm{e}^{-3x}\sin2x\mathrm{d}x$$
$$= -\mathrm{e}^{-3x}(3\cos2x + 2\sin2x)\mathrm{d}x.$$

习题 2.3

1. 已知 $y = x^3 - 2x + 1$，计算当 $x = 1$，Δx 分别等于 $0.1, 0.01$ 时的 Δy 和 $\mathrm{d}y$.

2. 求下列函数的微分：

(1) $y = \dfrac{1}{x}$;

(2) $y = x^2\cos3x$;

(3) $y = \dfrac{\mathrm{e}^{2x}}{\sqrt{x^2+1}}$;

(4) $y = \dfrac{1}{a}\arctan\dfrac{x}{a}$ 　$(a \neq 0)$.

3. 在括号中填入适当的函数，使下列等式成立.

(1) $x\mathrm{d}x = \mathrm{d}($ 　　　　 $)$;

(2) $\dfrac{1}{\sqrt{1-x^2}}\mathrm{d}x = \mathrm{d}($ 　　　　 $)$;

(3) $\dfrac{1}{a^2+x^2}\mathrm{d}x = \mathrm{d}($ 　　　　 $)$.

本章学习小结

第 3 章　　导数的应用

除第 2 章所学的求切线斜率、瞬时速度等的应用之外,导数还有很多其他方面的应用.在学习导数的其他应用之前,我们先来学习微分中值定理.

3.1　　微分中值定理

3.1.1　罗尔定理

定理 3.1.1(罗尔定理)　　若函数 $f(x)$ 满足下列条件:
(1) 在闭区间 $[a,b]$ 上连续;
(2) 在开区间 (a,b) 内可导;
(3) $f(a)=f(b)$,
则至少存在一点 $\xi\in(a,b)$,使得 $f'(\xi)=0$.

我们用 $C[a,b]$ 来表示所有在闭区间 $[a,b]$ 上连续的函数的集合,$f(x)$ 在闭区间 $[a,b]$ 上连续也可以写成 $f(x)\in C[a,b]$;用 $D(a,b)$ 来表示所有在开区间 (a,b) 内可导的函数的集合,$f(x)$ 在开区间 (a,b) 内可导也可以写成 $f(x)\in D(a,b)$.因此,罗尔定理可以表述为:

若函数 $f(x)$ 满足下列条件:
(1) $f(x)\in C[a,b]$;
(2) $f(x)\in D(a,b)$;
(3) $f(a)=f(b)$,
则至少存在一点 $\xi\in(a,b)$,使得 $f'(\xi)=0$.

一个定理用人名来命名,往往说明这个人对该定理的贡献比较大,甚至就是该定理的发现者或证明者.当然也有特例,不能一概而论.

🦛 小故事

罗尔是法国数学家,1652 年 4 月 21 日生于昂贝尔特一个小店主家庭,只受过初等教育,结婚也较早,年轻时生活拮据,靠充当公证人与律师抄录员的微薄收入养家糊口.但他对数学情有独钟,利用业余时间刻苦自学代数与丢番图的著作,并很有心得.

1682年,罗尔解决了数学家奥扎南提出的一个数论难题,受到了当时学术界的广泛好评,从而声名鹊起.这也使他的生活有了转机,此后他担任过初等数学教师和陆军部官员.

1685年,罗尔进入法国科学院,但只担任低级职务,到1690年才获得科学院发的固定薪水.此后他一直在科学院供职,1719年因中风去世.

罗尔在数学上的成就主要是在代数方面,专长于丢番图方程的研究.罗尔所处的时代正当牛顿、莱布尼茨的微积分诞生不久,由于这一新生事物存在逻辑上的缺陷,从而遭受多方面的非议,反对者中也包括罗尔,并且他是反对派中最直言不讳的一员.

1700年,在法国科学院发生了一场有关无穷小量方法是否真实的论战.在这场论战中,罗尔认为无穷小方法由于缺乏理论基础将导致谬误,并说:"微积分是巧妙的谬论的汇集."罗尔与瓦里格农、索弗尔等人之间,展开了异常激烈的争论.由于罗尔对此问题表现得异常激动,科学院不得不屡次出面干预.

1706年秋天,罗尔认识到自己的错误,以数学家实事求是、"唯真理是务"的品性,他向瓦里格农、索弗尔等人承认他已经放弃了自己的观点,并且充分认识到无穷小量分析新方法的价值.

罗尔于1691年在论文《任意次方程的一个解法的证明》中指出:在多项式方程的两个相邻的实根之间,方程至少有一个根.在一百多年后的1846年,意大利数学家伯拉维提斯将这一定理推广到可微函数,并将此定理命名为罗尔定理.现在几乎每一本微积分教材上都有关于罗尔定理的介绍.①

从这里我们既可以看出伯拉维提斯的淡泊名利、礼让谦逊和对前辈的尊敬,也可以看出数学界的宽容大度,即使罗尔曾经是微积分的强烈反对者,也不妨碍他在微积分领域千古留名.

我们来直观地给出罗尔定理的几何解释:

如图3-1所示,定理3.1.1的条件(1)是指曲线连续;条件(2)是指连续曲线除端点外处处都具有不垂直 x 轴的切线;条件(3)是指两端点处的纵坐标相等.可以得到的结论就是其上至少有一条平行于 x 轴的切线.

注意:定理3.1.1要求函数 $y = f(x)$ 应同时满足三个

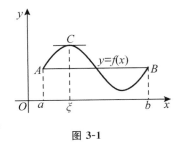

图 3-1

---

① 刘建军,付文军.高等数学[M].北京:北京理工大学出版社,2010:58.

条件,若该定理的三个条件不完全满足的话,则该定理的结论是不一定成立的.

我们还是用图像来直观说明:图 3-2(a)、图 3-2(b)、图 3-2(c) 分别为不满足定理 3.1.1 第(1)、(2)、(3) 个条件的情况.

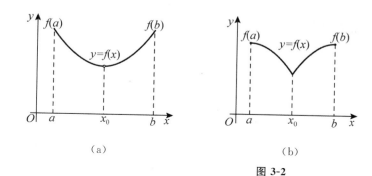 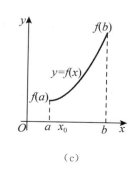

$$(a) \qquad\qquad (b) \qquad\qquad (c)$$

图 3-2

例 1 设函数 $f(x) = (x+2)(x-2)(x-3)$,证明方程 $f'(x) = 0$ 有两个实根,并指出它们所在的区间.

证明 显然,

$$f(x) \in C[-2,2], \quad f(x) \in C[2,3],$$
$$f(x) \in D(-2,2), \quad f(x) \in D(2,3),$$

且

$$f(-2) = f(2) = f(3) = 0.$$

由罗尔定理可得:

在开区间 $(-2,2),(2,3)$ 内分别存在点 ξ_1,ξ_2,使得

$$f'(\xi_1) = f'(\xi_2) = 0.$$

即方程 $f'(x) = 0$ 有两个实根,分别在开区间 $(-2,2),(2,3)$ 内.

例 2 证明方程 $\sin x + x\cos x = 0$ 在 $(0,\pi)$ 内必有实根.

证明 因为 $\sin x + x\cos x$ 是 $x\sin x$ 的导数,令

$$F(x) = x\sin x, \quad x \in [0,\pi],$$

易知 $F(x) = x\sin x$ 在 $[0,\pi]$ 上连续,在 $(0,\pi)$ 内可导,又因为

$$F(0) = F(\pi) = 0,$$

故由罗尔定理可得,存在 $\xi \in (0,\pi)$,使得

$$F'(\xi) = \sin\xi + \xi\cos\xi = 0,$$

所以方程 $\sin x + x\cos x = 0$ 在 $(0,\pi)$ 内必有实根.

3.1.2 拉格朗日中值定理

通过上面的学习,我们知道定理 3.1.1 中的三个条件缺一不可,去掉任何一个条

件结论都有可能不成立. 如果我们现在将定理 3.1.1 中的第三个条件"$f(a) = f(b)$"去掉,"则至少存在一点 $\xi \in (a, b)$,使得 $f'(\xi) = 0$"这个结论是得不到了,那能否得到其他稍微"弱"一点的结论呢?答案是肯定的,这个结论就是下面的拉格朗日中值定理.

定理 3.1.2(拉格朗日中值定理)　　若函数 $f(x)$ 满足下列条件:

(1) $f(x) \in C[a, b]$;

(2) $f(x) \in D(a, b)$,

则至少存在一点 $\xi \in (a, b)$,使得

$$f'(\xi) = \frac{f(b) - f(a)}{b - a}.$$

我们给出拉格朗日中值定理的几何解释:

如图 3-3 所示,定理 3.1.2 的条件(1)是指曲线连续;条件(2)是指连续曲线除端点外处处都具有不垂直 x 轴的切线.

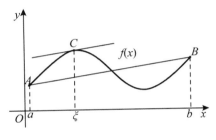

图 3-3

而 $\dfrac{f(b) - f(a)}{b - a}$ 是弦 AB 的斜率,$f'(\xi)$ 是在点 ξ 处曲线切线的斜率,所以结论"至少存在一点 $\xi \in (a, b)$,使得 $f'(\xi) = \dfrac{f(b) - f(a)}{b - a}$"的几何意义就是:在 (a, b) 内至少有一点,曲线 $y = f(x)$ 在该点的切线斜率与弦 AB 的斜率相等.

从图像上可以看出,图 3-1 实际上是图 3-3 的特例,将图 3-3 中的弦 AB 转至与 x 轴平行,就得到图 3-1.

实际上,罗尔定理也就是拉格朗日中值定理的特殊情形,拉格朗日中值定理加上条件 $f(a) = f(b)$,就可以得到罗尔定理的结论.

定理 3.1.2(拉格朗日中值定理)也是用人名"拉格朗日"来命名的,在此,我们对拉格朗日也作个简单介绍.

小故事

拉格朗日和罗尔一样,也是法国人,拉格朗日既是数学家,也是物理学家.

19 岁时拉格朗日就当上了都灵炮兵学院的教授,印证了"自古英雄出少年"的佳

话,真可谓年轻有为,后生可畏. 拿破仑授予他帝国大十字勋章,封他为伯爵. 拉格朗日被誉为"欧洲最大的数学家".

拉格朗日的父亲是法国陆军的一名军官,后由于经商破产,家道中落. 据拉格朗日本人回忆,如果幼年家境富裕,他也就不会做数学研究了,因为父亲一心想把他培养成为一名律师,而拉格朗日本人却对法律毫无兴趣. 从这里可以看出数学研究工作是"不太花钱",也"不太赚钱"的工作,是要坐得起冷板凳的工作,兴趣是数学研究最好的老师. 拉格朗日的成长史也提醒教育工作者和家长,要重视因材施教,要重视学习者的个体差异,要注重培养学习兴趣,"以鸟养养鸟",避免"以己养养鸟".

由拉格朗日中值定理,我们可以得到下列推论:

推论 1　如果函数 $f(x) \in D(a,b)$,且 $f'(x) \equiv 0$,则在开区间 (a,b) 内
$$f(x) \equiv C \quad (C \text{ 为常数}).$$

例 3　证明 $\arcsin x + \arccos x = \dfrac{\pi}{2} \quad (-1 \leqslant x \leqslant 1)$.

证明　令 $f(x) = \arcsin x + \arccos x, \quad x \in [-1,1]$,则
$$f(x) \in D(-1,1),$$
且
$$f'(x) = \frac{1}{\sqrt{1-x^2}} + \left(-\frac{1}{\sqrt{1-x^2}}\right) = 0,$$
故
$$f(x) = \arcsin x + \arccos x \equiv C \quad (C \text{ 为常数}, -1 < x < 1).$$
令 $x = 0$,得 $0 + \dfrac{\pi}{2} = C$,则有
$$\arcsin x + \arccos x = \frac{\pi}{2} \quad (-1 < x < 1).$$
又因为当 $x = \pm 1$ 时,
$$\arcsin x + \arccos x = \frac{\pi}{2},$$
则有
$$\arcsin x + \arccos x = \frac{\pi}{2} \quad (-1 \leqslant x \leqslant 1).$$

由推论 1 又容易推得:

推论 2　如果在开区间 (a,b) 内,都有 $f'(x) \equiv g'(x)$,则在开区间 (a,b) 内
$$f(x) = g(x) + C \quad (C \text{ 为常数}).$$

推论 1、推论 2 是拉格朗日中值定理的推论,也是导数的重要应用之一.

习题 3.1

1. 验证函数 $f(x) = x^3 + 4x^2 - 7x - 10$ 在闭区间 $[-1, 2]$ 上满足罗尔定理的条件,并求出使 $f'(\xi) = 0$ 的点.

2. 证明函数 $y = \cos x$ 在闭区间 $\left[0, \dfrac{\pi}{2}\right]$ 上满足拉格朗日中值定理的条件,并求出相应的点.

3.2　洛必达法则

3.2.1　初识未定式

我们在初等数学中学过:"除 0 以外的任何数除以自己等于 1.""0 除以任何不等于 0 的数等于 0.""任何数减自己等于 0.""0 乘任何数都等于 0.""1 的任何数次方都等于 1.""对于 0 以外的任何数的 0 次方都等于 1."但是 $\dfrac{\infty}{\infty}$、$\dfrac{0}{0}$、$0 \cdot \infty$、$\infty - \infty$、1^{∞}、0^0、∞^0 等,虽然和我们在初等数学中学过的结论很相似,但是并不等同,"∞"并不是数,分母或底数改为 0 后,值也会发生本质性的变化,"不看不知道,世界真奇妙!" $\dfrac{\infty}{\infty}$、$\dfrac{0}{0}$、$0 \cdot \infty$、$\infty - \infty$、1^{∞}、0^0、∞^0 等的值其实是不确定的,甚至是否存在都不一定.

我们先来看看 $\dfrac{\infty}{\infty}$、$\dfrac{0}{0}$ 的情况,一般地,如果在同一极限过程中,两个函数 $f(x)$ 和 $g(x)$ 都是无穷小量或都是无穷大量,那么 $\lim \dfrac{f(x)}{g(x)}$ 可能存在也可能不存在.我们通常称这种类型的极限为**未定式的极限**.这类极限不能直接运用前面学过的运算法则进行计算,而要用到下面的洛必达法则,这是"不能代则化"的又一种"化"法.

3.2.2　$\dfrac{0}{0}$ 型未定式的极限

定理 3.2.1　设函数 $f(x)$ 和 $g(x)$ 在点 x_0 的某去心邻域内有定义,且满足

(1) $\lim\limits_{x \to x_0} f(x) = \lim\limits_{x \to x_0} g(x) = 0$;

(2) $f'(x)$ 和 $g'(x)$ 在点 x_0 的某去心邻域内存在,且 $g'(x) \neq 0$;

(3) $\lim\limits_{x \to x_0} \dfrac{f'(x)}{g'(x)} = a$　(或 ∞),

则有

$$\lim_{x \to x_0} \frac{f(x)}{g(x)} = \lim_{x \to x_0} \frac{f'(x)}{g'(x)} = a \quad (\text{或} \infty).$$

这个定理对于 $x \to \infty$ 时的 $\dfrac{0}{0}$ 型未定式的极限问题同样适用.

例 1　求 $\lim\limits_{x \to 0} \dfrac{1 - \cos x}{\sin x}$.

解　容易验证原式满足定理 3.2.1 的条件,故

$$\lim_{x \to 0} \frac{1 - \cos x}{\sin x} = \lim_{x \to 0} \frac{(1 - \cos x)'}{(\sin x)'} = \lim_{x \to 0} \frac{\sin x}{\cos x} = 0.$$

在使用洛必达法则时要注意验证是否满足条件,如果条件不满足,继续使用分子、分母求导的方法,将会出错. 比如在例 1 中,$\lim\limits_{x \to 0} \dfrac{\sin x}{\cos x}$ 已不满足洛必达法则的条件,如果此时继续"对分子、分母求导再求极限"就出错了:

$$\lim_{x \to 0} \frac{\sin x}{\cos x} = \lim_{x \to 0} \frac{\cos x}{-\sin x} = \infty.$$

当然,如果 $\lim\limits_{x \to x_0} \dfrac{f'(x)}{g'(x)}$ 还是 $\dfrac{0}{0}$ 型未定式,且 $f'(x)$ 与 $g'(x)$ 能满足定理 3.2.1 中 $f(x)$ 与 $g(x)$ 应满足的条件,则可继续使用洛必达法则,即有

$$\lim_{x \to x_0} \frac{f(x)}{g(x)} = \lim_{x \to x_0} \frac{f'(x)}{g'(x)} = \lim_{x \to x_0} \frac{f''(x)}{g''(x)},$$

且可以依此类推,直到可以求出极限.

例 2 求 $\lim\limits_{x \to 0} \dfrac{x - x\cos x}{x - \sin x}$.

解　$\lim\limits_{x \to 0} \dfrac{x - x\cos x}{x - \sin x} = \lim\limits_{x \to 0} \dfrac{(x - x\cos x)'}{(x - \sin x)'} = \lim\limits_{x \to 0} \dfrac{1 - \cos x + x\sin x}{1 - \cos x}$

$$= \lim_{x \to 0} \left(2 + \frac{x\cos x}{\sin x} \right) \quad (\text{重复使用洛必达法则})$$

$$= 2 + \lim_{x \to 0} \frac{\cos x}{\dfrac{\sin x}{x}} = 2 + 1 = 3.$$

3.2.3　$\dfrac{\infty}{\infty}$ 型未定式的极限

类似于定理 3.2.1,有如下定理:

定理 3.2.2　设函数 $f(x)$ 和 $g(x)$ 在点 x_0 的某去心邻域内有定义,且满足

(1) $\lim\limits_{x \to x_0} f(x) = \lim\limits_{x \to x_0} g(x) = \infty$;

(2) $f'(x)$ 和 $g'(x)$ 在点 x_0 的某去心邻域内存在,且 $g'(x) \neq 0$;

(3) $\lim\limits_{x \to x_0} \dfrac{f'(x)}{g'(x)} = a$　(或 ∞),

则有

$$\lim_{x \to x_0} \frac{f(x)}{g(x)} = \lim_{x \to x_0} \frac{f'(x)}{g'(x)} = a \quad (\text{或} \ \infty).$$

这个定理对于 $x \to \infty$ 时的 $\dfrac{\infty}{\infty}$ 型未定式的极限问题同样适用.

例 3 求 $\lim\limits_{x \to +\infty} \dfrac{\ln x}{x^n}$　$(n > 0)$.

解　$\lim\limits_{x \to +\infty} \dfrac{\ln x}{x^n} = \lim\limits_{x \to +\infty} \dfrac{\dfrac{1}{x}}{nx^{n-1}} = \lim\limits_{x \to +\infty} \dfrac{1}{nx^n} = 0.$

例 4　求 $\lim\limits_{x \to 0} \dfrac{\ln \sin lx}{\ln \sin px}$　$(l > 0, p > 0)$.

解　$\lim\limits_{x \to 0} \dfrac{\ln \sin lx}{\ln \sin px} = \lim\limits_{x \to 0} \dfrac{\dfrac{1}{\sin lx} \cdot \cos lx \cdot l}{\dfrac{1}{\sin px} \cdot \cos px \cdot p} = \lim\limits_{x \to 0} \dfrac{l \cdot \cos lx \cdot \sin px}{p \cdot \cos px \cdot \sin lx}$

$$= \dfrac{l}{p} \lim\limits_{x \to 0} \dfrac{\cos lx}{\cos px} \lim\limits_{x \to 0} \dfrac{\sin px}{\sin lx} = \dfrac{l}{p} \cdot 1 \cdot \lim\limits_{x \to 0} \dfrac{\sin px}{\sin lx}$$

$$= \dfrac{l}{p} \cdot \lim\limits_{x \to 0} \dfrac{\cos px \cdot p}{\cos lx \cdot l} = \dfrac{l}{p} \cdot \dfrac{p}{l} = 1.$$

这道题目在解题过程中也重复使用了洛必达法则,只要满足使用洛必达法则的条件,连续 n 次使用洛必达法则都是可以的. 请再看例 5.

例 5　求 $\lim\limits_{x \to +\infty} \dfrac{x^n}{e^x}$　(n 为正整数).

解　$\lim\limits_{x \to +\infty} \dfrac{x^n}{e^x} = \lim\limits_{x \to +\infty} \dfrac{nx^{n-1}}{e^x} = \lim\limits_{x \to +\infty} \dfrac{n(n-1)x^{n-2}}{e^x} = \cdots = \lim\limits_{x \to +\infty} \dfrac{n!}{e^x} = 0.$

定理 3.2.1 和定理 3.2.2 都叫洛必达法则,洛必达法则的应用范围很广,可以求解很多未定式的极限. 但若是洛必达法则不能用时,并不代表该极限一定不存在!

比如,求 $\lim\limits_{x \to \infty} \dfrac{x - \sin x}{x + \cos x}$,这是 $\dfrac{\infty}{\infty}$ 型未定式的极限,我们对 $\lim\limits_{x \to \infty} \dfrac{x - \sin x}{x + \cos x}$ 的分子、分母分别求导后,得到:$\lim\limits_{x \to \infty} \dfrac{1 - \cos x}{1 - \sin x}$.

因为,当 x 取 $n\pi$ 时,$\dfrac{1 - \cos x}{1 - \sin x}$ 就在 2 和 0 之间摆动,所以 $\lim\limits_{x \to \infty} \dfrac{1 - \cos x}{1 - \sin x}$ 不存在.

但是我们不能得出 $\lim\limits_{x \to \infty} \dfrac{x - \sin x}{x + \cos x}$ 极限不存在的结论,因为此时不满足定理 3.2.2 中的条件"(3) $\lim\limits_{x \to \infty} \dfrac{f'(x)}{g'(x)} = a$　(或 ∞)",洛必达法则不能用.

事实上,我们可以使用类似"抓大头法"的方法来求出 $\lim\limits_{x \to \infty} \dfrac{x - \sin x}{x + \cos x}$:

$$\lim\limits_{x \to \infty} \dfrac{x - \sin x}{x + \cos x} = \lim\limits_{x \to \infty} \dfrac{1 - \dfrac{\sin x}{x}}{1 + \dfrac{\cos x}{x}} = 1.$$

再比如,求 $\lim\limits_{x \to \infty} \dfrac{e^x - \cos x}{e^x + \sin x}$,这也是 $\dfrac{\infty}{\infty}$ 型未定式的极限,我们对分子、分母分别求导后得到:

$$\lim_{x \to \infty} \frac{e^x - \cos x}{e^x + \sin x} = \lim_{x \to \infty} \frac{e^x + \sin x}{e^x + \cos x},$$

依然是 $\frac{\infty}{\infty}$ 型，还是满足洛必达法则，我们再对分子、分母分别求导后得到：

$$\lim_{x \to \infty} \frac{e^x + \sin x}{e^x + \cos x} = \lim_{x \to \infty} \frac{e^x + \cos x}{e^x - \sin x},$$

依然是 $\frac{\infty}{\infty}$ 型，还是满足洛必达法则.

其实这道题目可以应用无数次洛必达法则，可以做一辈子，但还是求不出极限，还是解决不了问题！

这道题目我们依然可以使用类似"抓大头法"的方法来求出 $\lim\limits_{x \to \infty} \dfrac{e^x - \cos x}{e^x + \sin x}$：

$$\lim_{x \to \infty} \frac{e^x - \cos x}{e^x + \sin x} = \lim_{x \to \infty} \frac{1 - \dfrac{\cos x}{e^x}}{1 + \dfrac{\sin x}{e^x}} = 1.$$

小故事

洛必达法则虽然也是用人名来命名的，但其实它不是洛必达发明的. 洛必达是法国数学家，他曾受袭侯爵衔，并在军队中担任骑兵军官，后来因为视力不佳而退出军队，转向学术方面的研究. 洛必达撰写了世界上第一本系统的微积分教程——《用于理解曲线的无穷小分析》，这本书的第九章中有关于求分子、分母同趋向于零时的分式极限的法则，即现在所说的"洛必达法则". 这个法则实际上是约翰·伯努利在1694年7月22日写信告诉洛必达的，后人误以为该法则是洛必达的发明，故"洛必达法则"之名沿用至今. 我们本节所研究的定理3.2.1和定理3.2.2，是后人对当初洛必达法则所作的推广.

这件事情给我们的提醒是：做事雷厉风行有时也是很必要的，尤其在保护知识产权、保护文化传承上更是如此，及时发表、及时注册也都是很有必要的. 当然，我们反对恶意抢注、扰乱正常秩序的行为；唾弃"只想摘桃，不想种桃"的不劳而获思想；倡导道德情操，既公平竞争，也"各美其美，美人之美，美美与共".

3.2.4 其他未定式的极限

$0 \cdot \infty$、$\infty - \infty$、1^∞、0^0、∞^0 等其他未定式，我们可以设法将其化为 $\dfrac{\infty}{\infty}$、$\dfrac{0}{0}$ 形式，然后再用定理3.2.1和定理3.2.2予以解决.

1. $0 \cdot \infty$ 型未定式的极限

如果当 $x \to x_0$ 时，$f(x) \to 0$，$g(x) \to \infty$，那么

$$f(x) \cdot g(x) = \frac{f(x)}{\dfrac{1}{g(x)}}.$$

这样就化为 $\dfrac{0}{0}$ 型未定式了.

当 $x \to \infty$ 时, $0 \cdot \infty$ 型未定式同理也可化为 $\dfrac{0}{0}$ 型未定式.

例 6 求 $\lim\limits_{x \to 0^+} x^a \ln x$ （$a > 0$）. （$0 \cdot \infty$ 型）

解 $\lim\limits_{x \to 0^+} x^a \ln x = \lim\limits_{x \to 0^+} \dfrac{\ln x}{x^{-a}} = \lim\limits_{x \to 0^+} \dfrac{\dfrac{1}{x}}{-ax^{-a-1}} = -\lim\limits_{x \to 0^+} \dfrac{x^a}{a} = 0.$

2. $\infty - \infty$ 型未定式的极限

如果当 $x \to x_0$ 时, $f(x) \to \infty$, $g(x) \to \infty$, 那么

$$f(x) - g(x) = \frac{1}{\dfrac{1}{f(x)}} - \frac{1}{\dfrac{1}{g(x)}} = \frac{\dfrac{1}{g(x)} - \dfrac{1}{f(x)}}{\dfrac{1}{g(x)f(x)}}.$$

这样也化为 $\dfrac{0}{0}$ 型未定式了.

当 $x \to \infty$ 时, $\infty - \infty$ 型未定式同理也可化为 $\dfrac{0}{0}$ 型未定式.

例 7 求 $\lim\limits_{x \to 0}\left(\dfrac{1}{\sin x} - \dfrac{1}{x}\right)$. （$\infty - \infty$ 型）

解 $\lim\limits_{x \to 0}\left(\dfrac{1}{\sin x} - \dfrac{1}{x}\right) = \lim\limits_{x \to 0} \dfrac{x - \sin x}{x \sin x} = \lim\limits_{x \to 0} \dfrac{1 - \cos x}{\sin x + x\cos x}$

$$= \lim\limits_{x \to 0} \dfrac{\sin x}{2\cos x - x\sin x} = 0.$$

3. 1^∞、0^0、∞^0 型未定式的极限

令 $y = f(x)^{g(x)}$, 则 $\ln y = g(x)\ln f(x)$, 故有

$$\lim \ln y = \lim[g(x)\ln f(x)] = \lim \frac{\ln f(x)}{\dfrac{1}{g(x)}}.$$

这样:

1^∞ 型未定式的极限就转化为 $\dfrac{0}{0}$ 型未定式;

0^0 型未定式的极限就转化为 $\dfrac{\infty}{\infty}$ 型未定式;

∞^0 型未定式的极限就转化为 $\dfrac{\infty}{\infty}$ 型未定式.

例 **8** 求 $\lim\limits_{x \to e} (\ln x)^{\frac{1}{1-\ln x}}$. （$1^\infty$ 型）

解 设 $y = (\ln x)^{\frac{1}{1-\ln x}}$，则

$$\ln y = \frac{1}{1-\ln x}\ln(\ln x) = \frac{\ln(\ln x)}{1-\ln x}.$$

因为

$$\lim_{x \to e}\ln y = \lim_{x \to e}\frac{\ln(\ln x)}{1-\ln x} = \lim_{x \to e}\frac{\frac{1}{\ln x} \cdot \frac{1}{x}}{-\frac{1}{x}} = \lim_{x \to e}\left(-\frac{1}{\ln x}\right) = -1,$$

所以

$$\lim_{x \to e}y = e^{\lim\limits_{x \to e}\ln y} = e^{-1},$$

即

$$\lim_{x \to e}(\ln x)^{\frac{1}{1-\ln x}} = e^{-1}.$$

例 **9** 求 $\lim\limits_{x \to 0^+} x^x$. （$0^0$ 型）

解 设 $y = x^x$，则

$$\ln y = x\ln x = \frac{\ln x}{\frac{1}{x}}.$$

因为

$$\lim_{x \to 0^+}\ln y = \lim_{x \to 0^+}\frac{\ln x}{\frac{1}{x}} = \lim_{x \to 0^+}\frac{\frac{1}{x}}{-\frac{1}{x^2}} = \lim_{x \to 0^+}(-x) = 0,$$

所以

$$\lim_{x \to 0^+}y = e^{\lim\limits_{x \to 0^+}\ln y} = e^0 = 1,$$

即

$$\lim_{x \to 0^+}x^x = 1.$$

例 **10** 求 $\lim\limits_{x \to 0^+}\left(\ln\frac{1}{x}\right)^x$. （$\infty^0$ 型）

解 设 $y = \left(\ln\frac{1}{x}\right)^x$，则

$$\ln y = x\ln\left(\ln\frac{1}{x}\right).$$

令 $z = \frac{1}{x}$，则当 $x \to 0^+$ 时，$z \to +\infty$.

因为

$$\ln y = x\ln\left(\ln\frac{1}{x}\right) = \frac{1}{z}\ln(\ln z) = \frac{\ln(\ln z)}{z},$$

所以

$$\lim_{x\to 0^+}\ln y = \lim_{z\to +\infty}\frac{\ln(\ln z)}{z} = \lim_{z\to +\infty}\frac{\dfrac{1}{\ln z}\cdot\dfrac{1}{z}}{1} = \lim_{z\to +\infty}\frac{1}{z\ln z} = 0.$$

故

$$\lim_{x\to 0^+} y = \mathrm{e}^{\lim_{x\to 0^+}\ln y} = \mathrm{e}^0 = 1,$$

即

$$\lim_{x\to 0^+}\left(\ln\frac{1}{x}\right)^x = 1.$$

 习题 3.2

求下列极限:

(1) $\displaystyle\lim_{x\to 1}\frac{x^{2023}-1}{x-1}$;

(2) $\displaystyle\lim_{x\to 0^+}\frac{\ln x}{1+\ln\sin x}$;

(3) $\displaystyle\lim_{x\to 0}\frac{\sin ax}{\sin bx}$　(a,b 为常数,且 $b\neq 0$);

(4) $\displaystyle\lim_{x\to\frac{\pi}{2}}\frac{\tan 3x}{\tan x}$;

(5) $\displaystyle\lim_{x\to 0} x\cot 2x$;

(6) $\displaystyle\lim_{x\to 1} x^{\frac{1}{1-x}}$;

(7) $\displaystyle\lim_{x\to 0^+}(\tan x)^{\sin x}$;

(8) $\displaystyle\lim_{x\to 0^+}(\cot x)^{\sin x}$.

3.3 函数的单调性、极值和最值

我们在第二章学习中已经知道导数的几何意义:函数 $y = f(x)$ 在点 x_0 处的导数 $f'(x_0)$ 在几何上表示曲线 $y = f(x)$ 在点 $P(x_0, f(x_0))$ 处的切线的斜率.据此我们可以利用导数来研究函数的单调性,进而求函数的极值和最值.

3.3.1 函数的单调性

由图 3-4 可以看出:

当函数 $y = f(x)$ 在闭区间 $[a,b]$ 上单调增加时,曲线上各点处的切线斜率是非负的,即

$$y' = f'(x) \geqslant 0;$$

当函数 $y = f(x)$ 在闭区间 $[a,b]$ 上单调减少时,曲线上各点处的切线斜率是非正的,即

$$y' = f'(x) \leqslant 0.$$

也就是说,函数的单调性与导数的符号有着必然的联系.

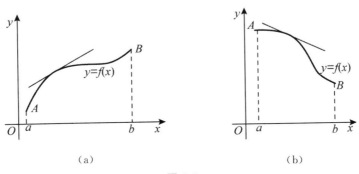

(a)   (b)

图 3-4

反过来,能否用导数的符号来判定函数的单调性呢?答案是肯定的,我们有下面的定理:

定理 3.3.1 设函数 $y = f(x)$ 在闭区间 $[a,b]$ 上连续,在开区间 (a,b) 内可导:

(1)如果在开区间 (a,b) 内 $f'(x) \geqslant 0$,且等号仅在有限多个点处成立,那么函数 $y = f(x)$ 在闭区间 $[a,b]$ 上单调增加;

(2)如果在开区间 (a,b) 内 $f'(x) \leqslant 0$,且等号仅在有限多个点处成立,那么函数 $y = f(x)$ 在闭区间 $[a,b]$ 上单调减少.

上述定理中的区间换为其他区间,依然也是成立的.

例 1 讨论函数 $y = e^x - x - 1$ 的单调性.

解 因为 $y = e^x - x - 1$,所以

$$y' = e^x - 1.$$

函数 $y = e^x - x - 1$ 的定义域是 $(-\infty, +\infty)$,不难判断:

在 $(-\infty, 0)$ 内,$y' < 0$;在 $(0, +\infty)$ 内,$y' > 0$;仅在 $x = 0$ 处,

$$y' = e^0 - 1 = 0.$$

所以函数 $y = e^x - x - 1$ 在 $(-\infty, 0]$ 上单调减少,在 $[0, +\infty)$ 上单调增加.

利用定理 3.3.1 可以判断函数的单调性,也可以求函数的单调区间.

求函数的单调区间的一般步骤如下:

(1) 确定函数 $y = f(x)$ 的定义域;

(2) 求出 $f'(x)$;

(3) 求出 $f'(x) = 0$ 的点和 $f'(x)$ 不存在的点,用这些点将函数的定义域划分为若干个子区间;

(4) 根据 $f'(x)$ 在每个子区间内的符号,判断函数 $y = f(x)$ 在各子区间内的单调性,从而确定单调区间.

例 2 确定函数 $f(x) = 2x^3 - 9x^2 + 12x - 3$ 的单调区间.

解 显然函数 $f(x) = 2x^3 - 9x^2 + 12x - 3$ 的定义域为 $(-\infty, +\infty)$.

因为

$$f(x) = 2x^3 - 9x^2 + 12x - 3,$$

所以

$$f'(x) = 6x^2 - 18x + 12 = 6(x-1)(x-2).$$

解方程 $f'(x) = 0$ 得:

$$x_1 = 1, \quad x_2 = 2.$$

因为当 $x < 1$ 时,

$$f'(x) > 0, \quad 且有 f'(1) = 0,$$

所以 $f(x)$ 在 $(-\infty, 1]$ 上单调增加;

因为当 $1 < x < 2$ 时,

$$f'(x) < 0, \quad 且有 f'(1) = f'(2) = 0,$$

所以 $f(x)$ 在 $[1, 2]$ 上单调减少;

因为当 $x > 2$ 时,

$$f'(x) > 0, \quad 且有 f'(2) = 0,$$

所以 $f(x)$ 在 $[2, +\infty)$ 上单调增加.

综上所述,函数 $f(x)$ 的单调区间为 $(-\infty, 1]$,$[1, 2]$,$[2, +\infty)$.

注意：$f'(x)=0$ 的点和 $f'(x)$ 不存在的点两侧的区间单调性并不一定是不同的，如函数 $y=f(x)=x^3$ 在点 $x=0$ 处，虽然 $f'(x)=0$，但是函数 $y=x^3$ 在区间 $(-\infty,0]$ 和 $[0,+\infty)$ 上，都是单调增加的，如图 3-5 所示.

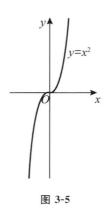

图 3-5

3.3.2 函数的极值

我们画出上述例 2 中函数 $f(x)=2x^3-9x^2+12x-3$ 的图像（见图 3-6），可知方程 $f'(x)=0$ 的点 $x_1=1$ 处的函数值，比周围附近点的函数值都大；点 $x_2=2$ 处的函数值，比周围附近点的函数值都小. 这类点在数学上称为**极值点**.

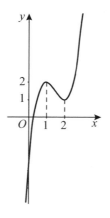

图 3-6

一般地，有下面的定义.

定义　设函数 $f(x)$ 在点 x_0 的某个邻域内有定义，对于该邻域内异于 x_0 的点 x，如果恒有 $f(x)<f(x_0)$（或 $f(x)>f(x_0)$），则称 $f(x_0)$ 为 $f(x)$ 的**极大值**（或**极小值**），称 x_0 为 $f(x)$ 的**极大（小）值点**.

极大值与极小值统称为**极值**.

注意：函数的极值概念是一个局部概念，函数在点 x_0 处取得极大值（或极小值），仅表示在局部范围内 $f(x_0)$ 大于（或小于）点 x_0 邻近处的函数值. 因此，一个定义在

$[a,b]$上的函数,在$[a,b]$上可以有许多极值,且极大值有可能小于极小值.

如图 3-7 所示,函数在点 x_2, x_8 处都取得极小值,但这些极小值都比点 x_5 处取得的极大值要大.

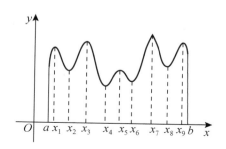

图 3-7

从图 3-7 中可以看出,点 $x_1, x_2, x_3, x_4, x_5, x_6, x_7, x_8, x_9$ 都是函数的极值点,它们一定是单增区间和单减区间的分界点,所以它们要么是 $f'(x) = 0$ 的点(这样使导数等于 0 的点通常称为函数的**驻点**),如点 $x_1, x_2, x_3, x_4, x_5, x_6, x_8, x_9$;要么是 $f'(x)$ 不存在的点,如点 x_7.

这个结论是具有一般性的.也就是说,极值点只可能是驻点或导数不存在的点.

但是反过来,则不一定成立.也就是说,驻点和导数不存在的点不一定是极值点.例如,在图 3-5 中,$y = x^3$,$y' = 3x^2$,点 $x = 0$ 是 $y = x^3$ 的驻点,但点 $x = 0$ 不是函数 $y = x^3$ 的极值点.

如何判断一个驻点或导数不存在的点是否为极值点?也就是说,如何判定在这些点上函数是否有极值?我们有下面的定理 3.3.2.

定理 3.3.2(极值存在的第一充分条件)　设函数 $f(x)$ 在点 x_0 的某邻域内连续,在该邻域(x_0 可除外)可导,点 x_0 为 $f(x)$ 的驻点或使 $f'(x)$ 不存在的点,有:

(1)若当 $x < x_0$ 时,$f'(x) > 0$,当 $x > x_0$ 时,$f'(x) < 0$,则 $f(x_0)$ 是 $f(x)$ 的极大值;

(2)若当 $x < x_0$ 时,$f'(x) < 0$,当 $x > x_0$ 时,$f'(x) > 0$,则 $f(x_0)$ 是 $f(x)$ 的极小值;

(3)若在点 x_0 的两侧,$f'(x)$ 不变号,则 $f(x_0)$ 不是极值.

所以,求函数的极值点可以先找出所有驻点和导数不存在的点,然后通过研究这些点两侧函数导数的符号变化进而找出极值点.

例 3　求函数 $f(x) = (x-1)\sqrt[3]{x^2}$ 的极值点与极值.

解　易得函数 $f(x) = (x-1)\sqrt[3]{x^2}$ 的定义域为$(-\infty, +\infty)$.因为

$$f'(x) = x^{\frac{2}{3}} + \frac{2}{3}(x-1)x^{-\frac{1}{3}} = \frac{5x-2}{3\sqrt[3]{x}},$$

所以当 $x = \dfrac{2}{5}$ 时，

$$f'(x) = 0. \quad （驻点）$$

当 $x = 0$ 时，

$$f'(x) \text{ 不存在}. \quad （导数不存在的点）$$

用 $x = 0, x = \dfrac{2}{5}$ 把定义域分割成几个子区间，列表讨论如下：

x	$(-\infty, 0)$	0	$\left(0, \dfrac{2}{5}\right)$	$\dfrac{2}{5}$	$\left(\dfrac{2}{5}, +\infty\right)$
$f'(x)$	$+$	不存在	$-$	0	$+$
$f(x)$	递增	极大值	递减	极小值	递增

因此，$x = 0$ 是极大值点，对应的极大值是

$$f(0) = 0;$$

$x = \dfrac{2}{5}$ 是极小值点，对应的极小值是

$$f\left(\dfrac{2}{5}\right) = -\dfrac{3}{5}\sqrt[3]{\dfrac{4}{25}}.$$

除了运用定理 3.3.2 即运用一阶导数来判断极值点是否存在，我们还可以运用二阶导数来判断极值点是否存在，这就是极值存在的第二充分条件.

定理 3.3.3（极值存在的第二充分条件） 设函数 $f(x)$ 在点 x_0 处具有二阶导数，且 $f'(x_0) = 0, f''(x_0) \neq 0$，则有：

(1) 当 $f''(x_0) < 0$ 时，$f(x_0)$ 是 $f(x)$ 的极大值；

(2) 当 $f''(x_0) > 0$ 时，$f(x_0)$ 是 $f(x)$ 的极小值.

极值存在的第二充分条件似乎比极值存在的第一充分条件简洁，但是极值存在的第二充分条件的要求也是比较高的，它要求 $f''(x_0) \neq 0$. 当 $f''(x_0) = 0$ 时，定理 3.3.3 就失效了，此时就需要用定理 3.3.2 进行判断.

例 4 求函数 $f(x) = 3x^4 - 4x^3 + 5$ 的极值.

解 因为

$$f'(x) = 12x^3 - 12x^2 = 12x^2(x - 1),$$

令 $f'(x) = 0$ 得驻点：

$$x = 0, \quad x = 1.$$

又因为

$$f''(x) = 36x^2 - 24x = 12x(3x - 2),$$

所以

$$f''(0) = 0, \quad f''(1) = 12 > 0.$$

由定理 3.3.3 可得：

当 $x = 1$ 时，$f(x)$ 有极小值 $f(1) = 4$.

由于 $f''(0) = 0$，所以，对于驻点 $x = 0$ 是否为极值点，需要用定理 3.3.2 来判断.

当 $x < 0$ 时，

$$f'(x) < 0;$$

当 $0 < x < 1$ 时，

$$f'(x) < 0.$$

即在点 $x = 0$ 的两侧，$f'(x)$ 不变号.

故当 $x = 0$ 时，$f(x)$ 无极值.

3.3.3　函数的最值

在实际工作和生活中，我们常常希望达到"最省时间""空间最大""成本最低""效率最高"等目的. 这些在数学上有时可归结为求某一函数（通常称为目标函数）的最值问题，也就是最大值或最小值问题.

所谓函数 $f(x)$ 在闭区间 $[a,b]$ 上的最值，就是指在 $[a,b]$ 上全部函数值中的最大者和最小者. 如果说函数的极值概念是一个局部概念，那么函数的最值概念就是全局性的概念.

连续函数在闭区间 $[a,b]$ 上的最值和函数极值既有联系，也有区别. 我们观察图 3-7，容易发现：除端点外，极值可能是最值，也可能不是最值，但最值一定是极值；端点处的函数值也可能是最值.

所以，求连续函数 $f(x)$ 在闭区间 $[a,b]$ 上的最大值和最小值，可按如下步骤进行：

（1）求出函数 $f(x)$ 在开区间 (a,b) 内，使得 $f'(x) = 0$ 的点的函数值；

（2）求出函数 $f(x)$ 在开区间 (a,b) 内，使得 $f'(x)$ 不存在的点的函数值；

（3）求出端点处的函数值 $f(a)$, $f(b)$；

（4）比较上述函数值，最大者就是函数 $f(x)$ 在闭区间 $[a,b]$ 上的最大值，最小者就是函数 $f(x)$ 在闭区间 $[a,b]$ 上的最小值.

例 5　求函数 $f(x) = x^{\frac{2}{3}} - (x^2 - 1)^{\frac{1}{3}}$ 在闭区间 $[-2,2]$ 上的最值.

解　因为

$$f'(x) = \frac{2}{3} x^{-\frac{1}{3}} - \frac{2}{3} x (x^2 - 1)^{-\frac{2}{3}}$$

$$= \frac{2}{3} \cdot \frac{(x^2 - 1)^{\frac{2}{3}} - x^{\frac{4}{3}}}{\sqrt[3]{x (x^2 - 1)^2}},$$

令 $f'(x) = 0$,可得驻点:

$$x = \pm \frac{\sqrt{2}}{2},$$

则在驻点处的函数值为

$$f\left(\pm \frac{\sqrt{2}}{2}\right) = \sqrt[3]{4};$$

函数的不可导点为

$$x = 0, \quad x = \pm 1,$$

则在函数的不可导点处的函数值为

$$f(0) = 1, \quad f(\pm 1) = 1;$$

函数在闭区间端点处的函数值为

$$f(\pm 2) = \sqrt[3]{4} - \sqrt[3]{3}.$$

比较上述函数值,可得函数 $f(x) = x^{\frac{2}{3}} - (x^2 - 1)^{\frac{1}{3}}$ 在闭区间 $[-2, 2]$ 上的最值如下:

最大值为 $f\left(\pm \frac{\sqrt{2}}{2}\right) = \sqrt[3]{4}$;

最小值为 $f(\pm 2) = \sqrt[3]{4} - \sqrt[3]{3}.$

有时在实际问题中,往往根据问题的性质便可断定可导函数 $f(x)$ 在其区间内部确有最大值或最小值,而当 $f(x)$ 在此区间内部只有一个驻点 x_0 时,立即可以断定 $f(x_0)$ 就是所求的最大值或最小值.

例 6 如图 3-8 所示,铁路上 AB 段的距离为 100km,工厂 C 距 A 处 20km,$AC \perp AB$,现要在 AB 线上选定一点 D 向工厂修一条公路. 已知铁路与公路每公里货运价之比为 $3:5$,为使货物从 B 处运到工厂 C 的运费最省,问点 D 应如何选取?

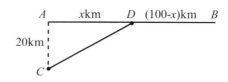

图 3-8

解 设 $AD = x\text{km}$,则

$$CD = \sqrt{20^2 + x^2}.$$

因为铁路与公路每公里货运价之比为 $3:5$,故可令铁路与公路每公里货运价分别为 $3k, 5k$,则总运费:

$$y = 5k\sqrt{20^2 + x^2} + 3k(100 - x), \quad 0 \leqslant x \leqslant 100,$$

则有

$$y' = k\left(\frac{5x}{\sqrt{400 + x^2}} - 3\right),$$

$$y'' = 5k\,\frac{400}{(400 + x^2)^{\frac{3}{2}}}.$$

令 $y' = 0$,得

$$x = 15.$$

又因为 $y''|_{x=15} > 0$,所以 $x = 15$ 是唯一的极小值点,从而为最小值点.
也就是说,当 $AD = 15\mathrm{km}$ 时运费最省.

 习题 3.3

1.判断下列函数的单调性,并确定单调区间:

(1)$f(x) = 2x - \sin x$;

(2)$f(x) = x - \mathrm{e}^x + 3$.

2.求下列函数的极值:

(1)$f(x) = x - \dfrac{3}{2}x^{\frac{2}{3}}$;

(2)$f(x) = x^3\mathrm{e}^{-x}$.

3.试问 a 为何值时,$f(x) = a\sin x + \dfrac{1}{3}\sin 3x$ 在 $x = \dfrac{2}{3}\pi$ 处取得极值?求出该极值,并指出它是极大值,还是极小值.

4.求函数 $y = x^4 - 2x^2 + 5$ 在闭区间 $[-2, 2]$ 上的最大值与最小值.

5.如图 3-9 所示,用一块长 12 分米、宽 8 分米的长方形铁皮,在四角各剪去一个相等的小正方形,制作一个无盖油箱.问:在四周剪去多大的正方形才能使容积最大?

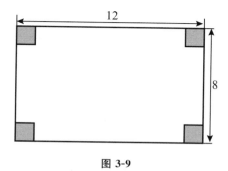

图 3-9

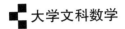

本章学习小结

第4章　不定积分

在第 2 章中,我们研究了如何求一个函数的导数问题,本章将"追根溯源",研究它的反问题,即要寻求一个可导函数,使它的导函数等于已知函数.这在实际工作、生活中也是有可能碰到的,比如在知道加速度关于时间的函数的前提下,如何求得速度关于时间的函数,进而又如何求得位移关于时间的函数等.这其实也是积分学的基本问题之一.

4.1　不定积分的概念与性质

4.1.1　原函数的概念

我们先来看一个例子:

引例　已知某平面曲线经过原点 $(0,0)$,且在横坐标为 x 的点处切线斜率是 $2x$,求此曲线的方程.

分析　设所求曲线的方程为 $y = F(x)$.

因为该曲线在横坐标为 x 的点处切线斜率是 $2x$,而

$$(x^2 + C)' = 2x \quad (C \text{ 为任意常数}),$$

所以可以令

$$F(x) = x^2 + C.$$

又因为该曲线经过原点 $(0,0)$,则有

$$F(0) = C = 0.$$

因此所求的曲线方程为

$$y = x^2.$$

假如 $F'(x) = f(x)$,上述引例就是在知道 $f(x)$ 的前提下,求一个满足条件的 $F(x)$ 的例子.

一般地,有下面的定义:

定义　如果在某一区间上,函数 $f(x)$ 与 $F(x)$ 满足

$$F^{'}(x) = f(x) \quad 或 \quad \mathrm{d}F(x) = f(x)\mathrm{d}x,$$

则称在该区间上,函数 $F(x)$ 是 $f(x)$ 的一个**原函数**.

在上述引例中,我们发现如果没有"平面曲线经过原点$(0,0)$"这个条件,$F(x)$ 其实是不唯一的,$F(x)$ 可以是 $x^2 + C$,其中 C 为任意常数.

所以有关原函数,有三个问题是需要明确的:

(1) 在什么条件下,一个函数的原函数存在?

(2) 如果 $f(x)$ 有原函数,一共有多少个?

(3) 任意两个原函数之间有什么关系?

现在我们来逐一回答这三个问题.

对于第(1)个问题,我们有定理 4.1.1:

定理 4.1.1 如果函数 $f(x)$ 在某一区间上连续,则函数 $f(x)$ 在该区间上存在原函数.

这个定理我们在"5.2.1 变上限积分"中予以证明,并构造出这个原函数.

对于第(2)个问题,从上述引例中我们可以看出:如果 $f(x)$ 有原函数,原函数可以有无穷多个.实际上这个结论是具有一般性的,因为如果 $F^{'}(x) = f(x)$,则对任意常数 C,$F(x)+C$ 都是 $f(x)$ 的原函数.如$(\sin x)^{'} = \cos x$,则$(\sin x + C)^{'} = \cos x$.所以原函数的个数有无穷多个.

对于第(3)个问题,我们有定理 4.1.2:

定理 4.1.2 设 $G(x),F(x)$ 是 $f(x)$ 的任意两个原函数,则
$$G(x) - F(x) = C \quad (C 为常数).$$
即任意两个原函数之间相差一个常数.

证明 因为 $G(x),F(x)$ 是 $f(x)$ 的两个原函数,所以
$$G^{'}(x) = F^{'}(x) = f(x),$$
则
$$[G(x) - F(x)]^{'} = G^{'}(x) - F^{'}(x) = f(x) - f(x) = 0.$$
由拉格朗日中值定理的推论 1 可知:
$$G(x) - F(x) = C \quad (C 为常数).$$
因此,一个函数的不同原函数之间只相差一个常数 C.

4.1.2 不定积分的概念

由定理 4.1.2可知,如果 $F(x)$ 是 $f(x)$ 的一个原函数,则 $F(x)+C$ (C 为常数) 就是 $f(x)$ 的所有原函数,由此给出不定积分的定义.

定义 $f(x)$ 在某区间上的全体原函数称为 $f(x)$ 在该区间上的**不定积分**,记作
$$\int f(x)\mathrm{d}x.$$

其中，$\int$ 为积分号；$f(x)$ 叫作被积函数；x 为积分变量；$f(x)\mathrm{d}x$ 叫作被积表达式.

根据定义，如果 $F(x)$ 是 $f(x)$ 在某区间上的一个原函数，那么 $F(x)+C$ （C 为常数）就是 $f(x)$ 的不定积分，即

$$\int f(x)\mathrm{d}x = F(x)+C.$$

所以，有如下非常有用的结论：

求 $f(x)$ 的不定积分时，只要求出它的一个原函数 $F(x)$ 再加任意常数 C 即可.

例 1 求 $\int x^4 \mathrm{d}x$.

解 因为 $\left(\dfrac{x^5}{5}\right)' = x^4$，所以

$$\int x^4 \mathrm{d}x = \frac{x^5}{5}+C.$$

例 2 求 $\int \dfrac{1}{x}\mathrm{d}x$.

解 当 $x > 0$ 时，因为

$$(\ln x)' = \frac{1}{x},$$

所以

$$\int \frac{1}{x}\mathrm{d}x = \ln x + C;$$

当 $x < 0$ 时，因为

$$[\ln(-x)]' = \frac{-1}{-x} = \frac{1}{x},$$

所以

$$\int \frac{1}{x}\mathrm{d}x = \ln(-x) + C.$$

综上则有

$$\int \frac{1}{x}\mathrm{d}x = \ln|x| + C.$$

由原函数和不定积分的定义可知导数（或者说微分）和积分是互逆的运算，但是它们又不像加减法那样是完全的逆运算，它们之间的关系可以表示如下：

$(1)\left[\int f(x)\mathrm{d}x\right]' = f(x)$ 　　或　　$\mathrm{d}\int f(x)\mathrm{d}x = f(x)\mathrm{d}x$；

$(2)\int F'(x)\mathrm{d}x = F(x)+C$ 　　或　　$\int \mathrm{d}F(x) = F(x)+C.$

也就是说，一个函数"先积分后导数"还是等于这个函数本身，"先导数后积分"等

于这个函数再加上任意常数 C.

4.1.3　不定积分的几何意义

不定积分 $\int f(x)\mathrm{d}x = F(x)+C$ 的结果中含有任意常数 C，所以不定积分表示的不是一个函数，而是无穷多个原函数，也是全部原函数，我们把它们称为一族函数，反映在几何上就是一族曲线，它们是曲线 $y = F(x)$ 沿着 y 轴上下平移得到的. 这族曲线叫作 $f(x)$ 的**积分曲线族**，其中每一条曲线称为 $f(x)$ 的积分曲线. 由于在相同的横坐标点 x_0 处，所有积分曲线的斜率都相等，都是 $F'(x_0) = f(x_0)$，因此，在每一条积分曲线上，以 x_0 为横坐标的点处的切线彼此平行（见图 4-1）.

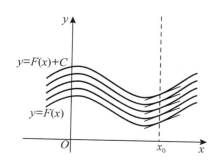

图 4-1

本节引例实际上就是要求一个满足特定条件的原函数，以后面对类似的问题，我们都可以先求出不定积分，再由已知的特定条件确定所求的原函数.

4.1.4　基本积分公式

求不定积分的方法叫作积分法. 例 1、例 2 被积函数的形式比较简单，通过观察即可找出它们的一个原函数，但一般来说，被积函数的原函数是不易通过观察得到的，就像求极限、求导数有很多方法一样，我们需要探索一些求积分的方法.

首先我们根据第 2 章所学的 16 个基本导数公式，容易推导出相应的不定积分公式：

$(1)\int k\mathrm{d}x = kx + C$　（k 是常数）；

$(2)\int x^{\mu}\mathrm{d}x = \dfrac{x^{\mu+1}}{\mu+1} + C$　（$\mu \neq -1$）；

$(3)\int a^{x}\mathrm{d}x = \dfrac{a^{x}}{\ln a} + C.$

$(4)\int \mathrm{e}^{x}\mathrm{d}x = \mathrm{e}^{x} + C.$

$(5)\int \dfrac{\mathrm{d}x}{x} = \ln |x| + C.$

$(6) \int \cos x \mathrm{d}x = \sin x + C.$

$(7) \int \sin x \mathrm{d}x = -\cos x + C.$

$(8) \int \dfrac{\mathrm{d}x}{\cos^2 x} = \int \sec^2 x \mathrm{d}x = \tan x + C.$

$(9) \int \dfrac{\mathrm{d}x}{\sin^2 x} = \int \csc^2 x \mathrm{d}x = -\cot x + C.$

$(10) \int \sec x \tan x \mathrm{d}x = \sec x + C.$

$(11) \int \csc x \cot x \mathrm{d}x = -\csc x + C.$

$(12) \int \dfrac{\mathrm{d}x}{\sqrt{1-x^2}} = \arcsin x + C.$

$(13) \int \dfrac{\mathrm{d}x}{1+x^2} = \arctan x + C.$

利用基本积分公式可以求出一些函数的不定积分.

例 3 求 $\int \dfrac{\mathrm{d}x}{x^2 \cdot \sqrt[5]{x}}$.

解 $\int \dfrac{\mathrm{d}x}{x^2 \cdot \sqrt[5]{x}} = \int x^{-\frac{11}{5}} \mathrm{d}x = \dfrac{x^{-\frac{11}{5}+1}}{-\frac{11}{5}+1} + C = -\dfrac{5}{6} x^{-\frac{6}{5}} + C.$

例 4 求 $\int 10^x \mathrm{d}x$.

解 $\int 10^x \mathrm{d}x = \dfrac{10^x}{\ln 10} + C.$

4.1.5 不定积分的性质

通过"2.2 导数的运算"的学习,我们知道导数的四则运算法则没有极限的四则运算法则那么完美,两个函数积、商的导数并不等于这两个函数导数的积、商.那么积分的四则运算法则有没有极限那么完美呢?答案依然是否定的,甚至两个函数积、商的积分连运算法则都没有,两个函数积、商的积分要设法用其他方法来求解.

不定积分有如下性质:

性质 1 设函数 $f(x)$ 的原函数存在,k 为非零常数,则

$$\int k f(x) \mathrm{d}x = k \int f(x) \mathrm{d}x.$$

证明 因为

$$\left[k \int f(x) \mathrm{d}x \right]' = k \left[\int f(x) \mathrm{d}x \right]' = k f(x),$$

所以 $k\int f(x)\mathrm{d}x$ 是 $kf(x)$ 的原函数,即

$$\int kf(x)\mathrm{d}x = k\int f(x)\mathrm{d}x.$$

性质 2   设函数 $f(x), g(x)$ 的原函数存在,则

$$\int [f(x) \pm g(x)]\mathrm{d}x = \int f(x)\mathrm{d}x \pm \int g(x)\mathrm{d}x.$$

证明   因为

$$\left[\int f(x)\mathrm{d}x + \int g(x)\mathrm{d}x\right]' = \left[\int f(x)\mathrm{d}x\right]' + \left[\int g(x)\mathrm{d}x\right]' = f(x) + g(x),$$

所以 $\int f(x)\mathrm{d}x + \int g(x)\mathrm{d}x$ 是 $f(x) + g(x)$ 的原函数,即

$$\int [f(x) + g(x)]\mathrm{d}x = \int f(x)\mathrm{d}x + \int g(x)\mathrm{d}x.$$

同理可证:

$$\int [f(x) - g(x)]\mathrm{d}x = \int f(x)\mathrm{d}x - \int g(x)\mathrm{d}x.$$

性质 2 可以推广到有限个函数的情形:

$$\int [f_1(x) \pm f_2(x) \pm \cdots \pm f_n(x)]\mathrm{d}x = \int f_1(x)\mathrm{d}x \pm \int f_2(x)\mathrm{d}x \pm \cdots \pm \int f_n(x)\mathrm{d}x.$$

再结合性质 1,进一步可以得到不定积分的线性性质:

$$\int [k_1 f_1(x) + k_2 f_2(x) + \cdots + k_n f_n(x)]\mathrm{d}x = k_1\int f_1(x)\mathrm{d}x + k_2\int f_2(x)\mathrm{d}x + \cdots + k_n\int f_n(x)\mathrm{d}x.$$

例 5   求 $\int \left(\mathrm{e}^2 + \dfrac{1}{4x} + 2^x\mathrm{e}^x\right)\mathrm{d}x$.

解 $\displaystyle\int \left(\mathrm{e}^2 + \frac{1}{4x} + 2^x\mathrm{e}^x\right)\mathrm{d}x = \int \mathrm{e}^2\mathrm{d}x + \int \frac{\mathrm{d}x}{4x} + \int (2\mathrm{e})^x\mathrm{d}x$

$$= \mathrm{e}^2 x + \frac{1}{4}\ln|x| + \frac{(2\mathrm{e})^x}{\ln 2\mathrm{e}} + C.$$

注意:逐项积分后,每个积分结果中均含有一个任意常数,由于任意常数之和还是任意常数,因此只要写出一个任意常数就行,像例 5 的最后结果只要加一个 C 即可,而不需加 $3C$。

例 6   求 $\int \dfrac{x^4}{1 + x^2}\mathrm{d}x$.

解 $\displaystyle\int \frac{x^4}{1 + x^2}\mathrm{d}x = \int \frac{x^4 - 1 + 1}{1 + x^2}\mathrm{d}x$

$$= \int \frac{(x^2 - 1)(x^2 + 1)}{1 + x^2}\mathrm{d}x + \int \frac{\mathrm{d}x}{1 + x^2}$$

$$= \int (x^2 - 1)\mathrm{d}x + \int \frac{\mathrm{d}x}{1+x^2}$$

$$= \frac{x^3}{3} - x + \arctan x + C.$$

例 7 求 $\int \sin^2 \frac{x}{2} \mathrm{d}x$.

解 $\int \sin^2 \frac{x}{2} \mathrm{d}x = \int \frac{1 - \cos x}{2} \mathrm{d}x = \frac{1}{2} \int (1 - \cos x) \mathrm{d}x$

$$= \frac{1}{2}(x - \sin x) + C.$$

例 8 求 $\int \frac{1}{1 + \cos 2x} \mathrm{d}x$.

解 $\int \frac{1}{1 + \cos 2x} \mathrm{d}x = \int \frac{1}{1 + 2\cos^2 x - 1} \mathrm{d}x = \frac{1}{2} \int \frac{1}{\cos^2 x} \mathrm{d}x$

$$= \frac{1}{2} \tan x + C.$$

例 9 求 $\int \frac{1}{x^2(1+x^2)} \mathrm{d}x$.

解 $\int \frac{1}{x^2(1+x^2)} \mathrm{d}x = \int \left(\frac{1}{x^2} - \frac{1}{1+x^2} \right) \mathrm{d}x = \int \frac{1}{x^2} \mathrm{d}x - \int \frac{1}{1+x^2} \mathrm{d}x$

$$= -\frac{1}{x} - \arctan x + C.$$

像上面这些例题,在求积分问题时,可以直接根据基本公式和性质求出结果,或者被积函数经过适当的恒等变形(包括代数和三角的恒等变形),再利用基本公式和性质求出结果.这样的积分方法叫作**直接积分法**.

习题 4.1

1. 设一条曲线过点 $(1,2)$,在此曲线上任一点 (x,y) 处的切线斜率为 $2x$,求此曲线方程.

2. 第 2 章所学的基本导数公式有 16 个,为什么由此推导出相应的基本积分公式只有 13 个?

3. 求下列不定积分:

(1) $\int 2x \sqrt{x^3} \mathrm{d}x$;

(2) $\int 2^x \mathrm{e}^x \mathrm{d}x$;

$(3) \displaystyle\int \frac{1+x+x^2}{x+x^3} \mathrm{d}x$;

$(4) \displaystyle\int \tan^2 x \mathrm{d}x$;

$(5) \displaystyle\int \cos^2 \frac{x}{2} \mathrm{d}x$;

$(6) \displaystyle\int \frac{1}{\sin^2 x \cos^2 x} \mathrm{d}x$;

$(7) \displaystyle\int \frac{1}{\sin^2 \dfrac{x}{2} \cos^2 \dfrac{x}{2}} \mathrm{d}x$.

4.2 不定积分的换元积分法

能够利用直接积分法求积分的函数是非常有限的,因此,我们还需要寻找更多的求积分的方法.这节我们学习不定积分的换元积分法,它的基本思想是把复合函数的微分法反过来用于求不定积分,利用中间变量的代换,得到复合函数的积分.

不定积分的换元积分法通常分为两类:第一类换元积分法和第二类换元积分法.

4.2.1 第一类换元积分法(凑微分法)

我们先来看一个例子,求 $\int\cos2x\mathrm{d}x$.

基本积分公式中有 $\int\cos x\mathrm{d}x=\sin x+C$. 那么 $\int\cos2x\mathrm{d}x$ 会等于 $\sin2x+C$ 吗?

答案是否定的,因为 $(\sin2x+C)'=2\cos2x$,并不等于 $\cos2x$.

正确的解法应该是:

令 $t=2x$,则

$$\int\cos2x\mathrm{d}x=\frac{1}{2}\int\cos2x\cdot(2x)'\mathrm{d}x=\frac{1}{2}\int\cos2x\mathrm{d}(2x)$$

$$=\frac{1}{2}\int\cos t\mathrm{d}t=\frac{1}{2}\sin t+C=\frac{1}{2}\sin2x+C.$$

我们采用的方法就是通过变量代换 $t=2x$,把积分公式表中没有的 $\int\cos2x\mathrm{d}x$,化成基本积分公式表中有的 $\int\cos t\mathrm{d}t$ 形式,求出积分后,再回代原积分变量,从而求得 $\int\cos2x\mathrm{d}x$.

一般地,如果已知 $\int f(u)\mathrm{d}u=F(u)+C$,而 $u=\varphi(x)$,且 $u=\varphi(x)$ 是可导的,$g(x)$ 可以表示为

$$g(x)=f[\varphi(x)]\varphi'(x),$$

那么就有

$$\int g(x)\mathrm{d}x=\int f[\varphi(x)]\varphi'(x)\mathrm{d}x=\int f[\varphi(x)]\mathrm{d}\varphi(x)$$

$$=\int f(u)\mathrm{d}u=F(u)+C=F[\varphi(x)]+C.$$

也就是说,有以下定理 4.2.1:

定理 4.2.1(第一类换元积分法)　设 $f(u)$ 具有原函数 $F(u)$,$u = \varphi(x)$ 可导,则 $F[\varphi(x)]$ 是 $f[\varphi(x)]\varphi'(x)$ 的原函数,即有换元公式:

$$\int f[\varphi(x)]\varphi'(x)\mathrm{d}x = \int f[\varphi(x)]\mathrm{d}\varphi(x) = \left[\int f(u)\mathrm{d}u\right]_{u=\varphi(x)}$$
$$= F(u) + C = F[\varphi(x)] + C.$$

第一类换元积分法的本质就是为了求 $\int g(x)\mathrm{d}x$,把 $g(x)$ 凑成 $f[\varphi(x)]\varphi'(x)$,进而把 $\int g(x)\mathrm{d}x$ 凑成 $\int f[\varphi(x)]\mathrm{d}\varphi(x)$,与已知的积分相联系,最后求得 $\int g(x)\mathrm{d}x$. "凑" 的思路和目标就是在形式上凑成已知的积分. 所以,第一类换元积分法也称为凑微分法.

应用定理 4.2.1 求不定积分的步骤为:

(1) 把 $\int g(x)\mathrm{d}x$ 凑成 $\int f[\varphi(x)]\varphi'(x)\mathrm{d}x$;

(2) 把 $\int f[\varphi(x)]\varphi'(x)\mathrm{d}x$ 凑成 $\int f[\varphi(x)]\mathrm{d}\varphi(x)$;

(3) 变量代换,令 $u = \varphi(x)$,得 $\int f[\varphi(x)]\mathrm{d}\varphi(x) = \int f(u)\mathrm{d}u$;

(4) 求得 $\int f(u)\mathrm{d}u = F(u) + C$;

(5) 回代 $u = \varphi(x)$,得 $F(u) + C = F[\varphi(x)] + C$,

即

$$\int g(x)\mathrm{d}x = F[\varphi(x)] + C.$$

例 1　求 $\int 2x \cdot \mathrm{e}^{x^2}\mathrm{d}x$.

解　$\int 2x \cdot \mathrm{e}^{x^2}\mathrm{d}x = \int \mathrm{e}^{x^2}\mathrm{d}x^2$,

令 $u = x^2$,则

$$\int \mathrm{e}^{x^2}\mathrm{d}x^2 = \int \mathrm{e}^u\mathrm{d}u = \mathrm{e}^u + C.$$

将 $u = x^2$ 回代到上式,则

$$\mathrm{e}^u + C = \mathrm{e}^{x^2} + C,$$

即

$$\int 2x \cdot \mathrm{e}^{x^2}\mathrm{d}x = \mathrm{e}^{x^2} + C.$$

例 2　求 $\int (ax + b)^m \mathrm{d}x \quad (m \neq -1)$.

解　$\int (ax+b)^m \mathrm{d}x = \dfrac{1}{a}\Big[\int (ax+b)^m \cdot a\Big]\mathrm{d}x = \dfrac{1}{a}\int (ax+b)^m \mathrm{d}(ax+b)$,

令 $u=ax+b$,则

$$\dfrac{1}{a}\int (ax+b)^m \mathrm{d}(ax+b) = \dfrac{1}{a}\int u^m \mathrm{d}u = \dfrac{1}{a}\cdot\dfrac{u^{m+1}}{m+1}+C.$$

将 $u=ax+b$ 回代到上式,则

$$\dfrac{1}{a}\int u^m \mathrm{d}u = \dfrac{1}{a}\cdot\dfrac{u^{m+1}}{m+1}+C = \dfrac{1}{a}\cdot\dfrac{(ax+b)^{m+1}}{m+1}+C,$$

即

$$\int (ax+b)^m \mathrm{d}x = \dfrac{1}{a}\cdot\dfrac{(ax+b)^{m+1}}{m+1}+C.$$

当我们能熟练运用换元积分公式后,就不必再把中间变量 u 写出,在脑子里进行运算即可.

例 3°　求 $\int \tan x\,\mathrm{d}x$.

解　$\int \tan x\,\mathrm{d}x = \int \dfrac{\sin x}{\cos x}\mathrm{d}x = \int\Big[\dfrac{-1}{\cos x}(-\sin x)\Big]\mathrm{d}x = -\int \dfrac{1}{\cos x}\mathrm{d}(\cos x)$
$\qquad = -\ln|\cos x|+C.$

类似地,可以求得:

$$\int \cot x\,\mathrm{d}x = \ln|\sin x|+C.$$

例 4°　求 $\int \sec x\,\mathrm{d}x$.

解　$\int \sec x\,\mathrm{d}x = \int \dfrac{\sec x(\sec x+\tan x)}{\sec x+\tan x}\mathrm{d}x = \int \dfrac{\sec^2 x+\sec x\tan x}{\sec x+\tan x}\mathrm{d}x$
$\qquad = \int \dfrac{\mathrm{d}(\sec x+\tan x)}{\sec x+\tan x} = \ln|\sec x+\tan x|+C.$

例 5°　求 $\int \csc x\,\mathrm{d}x$.

解　$\int \csc x\,\mathrm{d}x = \int \dfrac{1}{\sin x}\mathrm{d}x = \int \dfrac{1}{2\sin\frac{x}{2}\cos\frac{x}{2}}\mathrm{d}x$

$\qquad = \int \dfrac{1}{\tan\frac{x}{2}\cdot\cos^2\frac{x}{2}}\mathrm{d}\Big(\dfrac{x}{2}\Big) = \int \dfrac{1}{\tan\frac{x}{2}}\cdot\sec^2\dfrac{x}{2}\mathrm{d}\Big(\dfrac{x}{2}\Big)$

$\qquad = \int \dfrac{1}{\tan\frac{x}{2}}\mathrm{d}\Big(\tan\dfrac{x}{2}\Big) = \ln\Big|\tan\dfrac{x}{2}\Big|+C$

$\qquad = \ln\Big|\dfrac{1-\cos x}{\sin x}\Big|+C = \ln|\csc x-\cot x|+C.$

例 **6** 求 $\displaystyle\int\frac{\mathrm{d}x}{a^2+x^2}$ （$a>0$）.

解　$\displaystyle\int\frac{\mathrm{d}x}{a^2+x^2}=\frac{1}{a}\int\frac{\frac{1}{a}\mathrm{d}x}{1+\left(\frac{x}{a}\right)^2}=\frac{1}{a}\int\frac{\mathrm{d}\left(\frac{x}{a}\right)}{1+\left(\frac{x}{a}\right)^2}=\frac{1}{a}\arctan\frac{x}{a}+C.$

例 **7** 求 $\displaystyle\int\frac{\mathrm{d}x}{\sqrt{a^2-x^2}}$ （$a>0$）.

解　$\displaystyle\int\frac{\mathrm{d}x}{\sqrt{a^2-x^2}}=\int\frac{\frac{1}{a}\mathrm{d}x}{\sqrt{1-\left(\frac{x}{a}\right)^2}}=\int\frac{\mathrm{d}\left(\frac{x}{a}\right)}{\sqrt{1-\left(\frac{x}{a}\right)^2}}=\arcsin\frac{x}{a}+C.$

例 **8** 求 $\displaystyle\int\frac{\mathrm{d}x}{x^2-a^2}$ （$a>0$）.

解　因为

$$\frac{1}{x^2-a^2}=\frac{1}{2a}\left(\frac{1}{x-a}-\frac{1}{x+a}\right),$$

则有

$$\int\frac{\mathrm{d}x}{x^2-a^2}=\frac{1}{2a}\int\left(\frac{1}{x-a}-\frac{1}{x+a}\right)\mathrm{d}x=\frac{1}{2a}\left(\int\frac{\mathrm{d}x}{x-a}-\int\frac{\mathrm{d}x}{x+a}\right)$$

$$=\frac{1}{2a}\left[\int\frac{\mathrm{d}(x-a)}{x-a}-\int\frac{\mathrm{d}(x+a)}{x+a}\right]$$

$$=\frac{1}{2a}(\ln|x-a|-\ln|x+a|+C)$$

$$=\frac{1}{2a}\ln\left|\frac{x-a}{x+a}\right|+C.$$

例 3、例 4、例 5、例 6、例 7、例 8 的不定积分, 也是经常会遇到的, 通常也被当作不定积分公式使用.

这样我们除了在第 4.1.4 节中学到的 13 个不定积分公式外, 再增加 7 个不定积分公式:

(14) $\displaystyle\int\tan x\mathrm{d}x=-\ln|\cos x|+C.$

(15) $\displaystyle\int\cot x\mathrm{d}x=\ln|\sin x|+C.$

(16) $\displaystyle\int\sec x\mathrm{d}x=\ln|\sec x+\tan x|+C.$

(17) $\displaystyle\int\csc x\mathrm{d}x=\ln|\csc x-\cot x|+C.$

(18) $\displaystyle\int\frac{\mathrm{d}x}{a^2+x^2}=\frac{1}{a}\arctan\frac{x}{a}+C$ （$a>0$）.

$(19) \int \dfrac{\mathrm{d}x}{\sqrt{a^2 - x^2}} = \arcsin \dfrac{x}{a} + C \quad (a > 0).$

$(20) \int \dfrac{\mathrm{d}x}{x^2 - a^2} = \dfrac{1}{2a} \ln \left| \dfrac{x - a}{x + a} \right| + C \quad (a > 0).$

4.2.2 第二类换元积分法

逆向思维是一种难能可贵的品质,也是我们在日常学习和生活中需要不断训练的品质.我们知道,只要一个函数可导,那么往往在投入足够的精力和时间后,还是可以求得导数的,但是反过来求函数的不定积分,则并不是一件容易的事情.尽管我们学习了直接积分法和第一类换元积分法,但是不会求解的不定积分还是占了大多数.

我们现在再来学习第二类换元积分法.

如果 $\int f(x)\mathrm{d}x$ 不易求得不定积分,可作变量代换,令 $x = \varphi(u)$,则 $\mathrm{d}x = \varphi'(u)\mathrm{d}u$,$\int f(x)\mathrm{d}x$ 化为容易求得不定积分的 $\int f[\varphi(u)]\varphi'(u)\mathrm{d}u$. 这种换元法习惯上叫作第二类换元积分法.

定理 4.2.2(第二类换元积分法) 设 $x = \varphi(u)$ 是单调可导的函数,并且 $\varphi'(u) \neq 0$,又设 $f[\varphi(u)]\varphi'(u)$ 具有原函数 $F(u)$,则 $F[\varphi^{-1}(x)]$ 是 $f(x)$ 的原函数,即有换元公式:

$$\int f(x)\mathrm{d}x = \left\{ \int f[\varphi(u)]\varphi'(u)\mathrm{d}u \right\}_{x = \varphi(u)} = F[\varphi^{-1}(x)] + C.$$

其中,$\varphi^{-1}(x)$ 是 $x = \varphi(u)$ 的反函数.

虽然第一类换元积分法和第二类换元积分法都是通过变量代换,将不易求得的不定积分转化为容易求得的不定积分,但是它们在代换形式上是不一样的:

前者是令 $u = \varphi(x)$,后者是令 $x = \varphi(u)$;

前者是将 $\int g(x)\mathrm{d}x$ 化为 $\int f[\varphi(x)]\mathrm{d}\varphi(x)$(将 $g(x)$ 分出一部分放到"d"后面,形成新的积分变量),即 $\int f(u)\mathrm{d}u$,后者是将 $\int f(x)\mathrm{d}x$ 化为 $\int f[\varphi(u)]\varphi'(u)\mathrm{d}u$(将积分变量 x"分出"一部分放到"d"前面的被积函数中,积分变量也成为新的积分变量).

第二类换元积分法常用于如下基本类型.

1. 类型一:根式代换

含有根式 $\sqrt[n]{ax + b}$ 的函数的积分,可令 $\sqrt[n]{ax + b} = t$,将其化为有理分式的积分.

例 **9** 求 $\int \dfrac{x^2}{\sqrt{2x - 1}} \mathrm{d}x.$

解 令 $t = \sqrt{2x - 1}$,即

$$x = \frac{1}{2}(t^2 + 1), \quad \mathrm{d}x = t\mathrm{d}t,$$

故有

$$\int \frac{x^2}{\sqrt{2x-1}}\mathrm{d}x = \int \frac{1}{t} \cdot \frac{1}{4}(t^2+1)^2 t\mathrm{d}t = \frac{1}{20}t^5 + \frac{1}{6}t^3 + \frac{1}{4}t + C$$

$$= \frac{1}{20}(2x-1)^{\frac{5}{2}} + \frac{1}{6}(2x-1)^{\frac{3}{2}} + \frac{1}{4}(2x-1)^{\frac{1}{2}} + C.$$

当被积函数含有两种或两种以上的根式 $\sqrt[k]{x}, \cdots, \sqrt[l]{x}$ 时,可令 $x = t^n$(其中 n 为各根指数的最小公倍数).

例 10　求 $\int \frac{1}{\sqrt{x}(1+\sqrt[3]{x})}\mathrm{d}x$.

解　令 $x = t^6, t > 0$,则

$$\mathrm{d}x = 6t^5 \mathrm{d}t,$$

故有

$$\int \frac{1}{\sqrt{x}(1+\sqrt[3]{x})}\mathrm{d}x = \int \frac{6t^5}{t^3(1+t^2)}\mathrm{d}t = \int \frac{6t^2}{1+t^2}\mathrm{d}t$$

$$= 6\int \frac{t^2+1-1}{1+t^2}\mathrm{d}t = 6\int \left(1 - \frac{1}{1+t^2}\right)\mathrm{d}t$$

$$= 6(t - \arctan t) + C$$

$$= 6[\sqrt[6]{x} - \arctan \sqrt[6]{x}] + C.$$

2. 类型二:三角代换

例 11　求 $\int \sqrt{a^2 - x^2}\,\mathrm{d}x \quad (a > 0)$.

解　令 $x = a\sin t, t \in \left[-\frac{\pi}{2}, \frac{\pi}{2}\right]$,则

$$\sqrt{a^2 - x^2} = a\cos t, \quad \mathrm{d}x = a\cos t\mathrm{d}t,$$

故有

$$\int \sqrt{a^2 - x^2}\,\mathrm{d}x = \int (a\cos t)(a\cos t)\mathrm{d}t = a^2 \int \left(\frac{1}{2} + \frac{1}{2}\cos 2t\right)\mathrm{d}t$$

$$= \frac{a^2}{2}t + \frac{a^2}{2}\sin t\cos t + C$$

$$= \frac{a^2}{2}\arcsin \frac{x}{a} + \frac{x}{2}\sqrt{a^2 - x^2} + C.$$

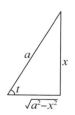

图 4-2

这里最后一步的回代,可以借助由 $x = a\sin t$ 画出的直角三角形(见图 4-2,此三角形可称为**回代辅助三角形**)来得到:

$$\cos t = \frac{\sqrt{a^2 - x^2}}{a}.$$

例 12 求 $\int \frac{1}{\sqrt{x^2 + a^2}} \mathrm{d}x$ $(a > 0)$.

解 令 $x = a\tan t$，则

$$\mathrm{d}x = a\sec^2 t \mathrm{d}t, \quad t \in \left(-\frac{\pi}{2}, \frac{\pi}{2}\right),$$

故有

$$\int \frac{1}{\sqrt{x^2 + a^2}} \mathrm{d}x = \int \frac{1}{a\sec t} \cdot a\sec^2 t \mathrm{d}t = \int \sec t \mathrm{d}t$$

$$= \ln|\sec t + \tan t| + C_0$$

$$= \ln\left|\frac{\sqrt{a^2 + x^2}}{a} + \frac{x}{a}\right| + C_0$$

$$= \ln\left|\sqrt{a^2 + x^2} + x\right| - \ln a + C_0$$

$$= \ln\left|\sqrt{a^2 + x^2} + x\right| + C \quad (\diamondsuit -\ln a + C_0 = C).$$

同样，这里的回代可以借助由 $x = a\tan t$ 画出的直角三角形（见图 4-3）来得到：

$$\sec t = \frac{\sqrt{a^2 + x^2}}{a}.$$

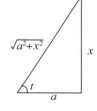

图 4-3

例 13 求 $\int \frac{1}{\sqrt{x^2 - a^2}} \mathrm{d}x$ $(a > 0)$.

解 被积函数 $\frac{1}{\sqrt{x^2 - a^2}}$ 的定义域为 $(-\infty, -a) \bigcup (a, +\infty)$.

当 $x \in (a, +\infty)$ 时，令 $x = a\sec t$，则

$$\mathrm{d}x = a\sec t \tan t \mathrm{d}t, \quad t \in \left(0, \frac{\pi}{2}\right),$$

故有

$$\int \frac{1}{\sqrt{x^2 - a^2}} \mathrm{d}x = \int \frac{a\sec t \cdot \tan t}{a\tan t} \mathrm{d}t = \int \sec t \mathrm{d}t$$

$$= \ln(\sec t + \tan t) + C_1$$

$$= \ln\left(\frac{x}{a} + \frac{\sqrt{x^2 - a^2}}{a}\right) + C_1$$

$$= \ln(x + \sqrt{x^2 - a^2}) - \ln a + C_1$$

$$= \ln(x + \sqrt{x^2 - a^2}) + C_2 \quad (\diamondsuit -\ln a + C_1 = C_2).$$

其回代辅助三角形如图 4-4 所示.

图 4-4

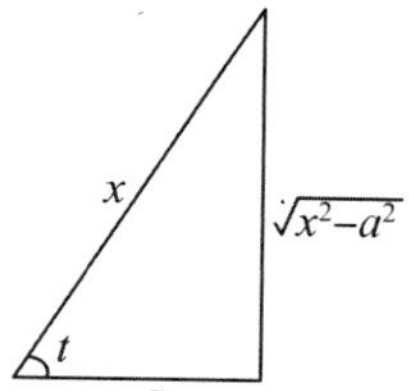

当 $x \in (-\infty, -a)$ 时,令 $x = -u$,则 $u \in (a, +\infty)$.

由前面的推导,可得:

$$\begin{aligned}\int \frac{1}{\sqrt{x^2-a^2}}\mathrm{d}x &= -\int \frac{1}{\sqrt{u^2-a^2}}\mathrm{d}u \\ &= -\ln(u+\sqrt{u^2-a^2})+C_2 \\ &= -\ln(-x+\sqrt{x^2-a^2})+C_2 \\ &= \ln(-x+\sqrt{x^2-a^2})^{-1}+C_2 \\ &= \ln\left(\frac{1}{-x+\sqrt{x^2-a^2}}\right)\mathrm{d}x+C_2 \\ &= \ln\left[\frac{-x-\sqrt{x^2-a^2}}{(-x+\sqrt{x^2-a^2})(-x-\sqrt{x^2-a^2})}\right]\mathrm{d}x+C_2 \\ &= \ln\left(\frac{-x-\sqrt{x^2-a^2}}{a^2}\right)\mathrm{d}x+C_2 \\ &= \ln(-x-\sqrt{x^2-a^2})-\ln a^2+C_2 \\ &= \ln(-x-\sqrt{x^2-a^2})+C_3 \quad (令 -\ln a^2+C_2=C_3).\end{aligned}$$

把 $x \in (a, +\infty)$ 和 $x \in (-\infty, -a)$ 两种情况结合起来,可得:

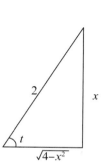

$$\int \frac{1}{\sqrt{x^2-a^2}}\mathrm{d}x = \ln\left|x+\sqrt{x^2-a^2}\right|+C.$$

例 14　求 $\int x^3\sqrt{4-x^2}\,\mathrm{d}x$.

解　令 $x=2\sin t$,则 $\mathrm{d}x = 2\cos t\mathrm{d}t$,　$t \in \left[-\frac{\pi}{2}, \frac{\pi}{2}\right]$,故有

$$\begin{aligned}\int x^3\sqrt{4-x^2}\,\mathrm{d}x &= \int (2\sin t)^3\sqrt{4-4\sin^2 t}\cdot 2\cos t\mathrm{d}t \\ &= 32\int \sin^3 t\cos^2 t\mathrm{d}t \\ &= 32\int \sin t(1-\cos^2 t)\cos^2 t\mathrm{d}t \\ &= -32\int(\cos^2 t-\cos^4 t)\mathrm{d}\cos t \\ &= -32\left(\frac{1}{3}\cos^3 t-\frac{1}{5}\cos^5 t\right)+C \\ &= -\frac{4}{3}(\sqrt{4-x^2})^3+\frac{1}{5}(\sqrt{4-x^2})^5+C.\end{aligned}$$

图 4-5

其回代辅助三角形如图 4-5 所示.

三角代换的目的是化掉根式,一般规律如下:

(1) 当被积函数中含有 $\sqrt{a^2-x^2}$ 时,可令 $x=a\sin t$;

(2) 当被积函数中含有 $\sqrt{a^2+x^2}$ 时,可令 $x=a\tan t$;

(3) 当被积函数中含有 $\sqrt{x^2-a^2}$ 时,可令 $x=a\sec t$.

进行以上代换时都要注意 t 的选择范围,如果对 x 没有特殊的规定:

令 $x=a\sin t$ 时,t 的取值范围为 $\left[-\dfrac{\pi}{2},\dfrac{\pi}{2}\right]$(两个端点是否取,根据分母不为0等具体情况而定);

令 $x=a\tan t$ 时,t 的取值范围为 $\left(-\dfrac{\pi}{2},\dfrac{\pi}{2}\right)$;

令 $x=a\sec t$ 时,t 的取值范围为 $\left[0,\dfrac{\pi}{2}\right)\bigcup\left(\dfrac{\pi}{2},\pi\right]$(两个端点是否取,根据分母不为0等具体情况而定).

当然,积分中为了化掉根式是否一定采用三角代换并不是绝对的,需根据被积函数的情况来定.

例 15 求 $\displaystyle\int\dfrac{x^5}{\sqrt{1+x^2}}\mathrm{d}x$.

这道题目用三角代换就会比较烦琐,实际上用根式代换更简单.

解 令 $t=\sqrt{1+x^2}$,则
$$x^2=t^2-1,\quad x\mathrm{d}x=t\mathrm{d}t,$$
故有
$$\int\frac{x^5}{\sqrt{1+x^2}}\mathrm{d}x=\int\frac{(t^2-1)^2}{t}t\mathrm{d}t=\int(t^4-2t^2+1)\mathrm{d}t$$
$$=\frac{1}{5}t^5-\frac{2}{3}t^3+t+C$$
$$=\frac{1}{15}(8-4x^2+3x^4)\sqrt{1+x^2}+C.$$

3. 类型三:倒代换

当被积函数的分母中含有变量因子 x 时,可采用倒代换方法,即令 $x=\dfrac{1}{t}$.

例 16 求 $\displaystyle\int\dfrac{1}{x(x^7+2)}\mathrm{d}x$.

解 令 $x=\dfrac{1}{t}$,则
$$\mathrm{d}x=-\frac{1}{t^2}\mathrm{d}t,$$

故有

$$\int \frac{1}{x(x^7+2)}\mathrm{d}x = \int \frac{t}{\left(\dfrac{1}{t}\right)^7+2} \cdot \left(-\frac{1}{t^2}\right)\mathrm{d}t = -\int \frac{t^6}{1+2t^7}\mathrm{d}t$$

$$= -\frac{1}{14}\ln|1+2t^7|+C$$

$$= -\frac{1}{14}\ln|2+x^7|+\frac{1}{2}\ln|x|+C.$$

例 11、例 12、例 13 通常也被当作不定积分公式来使用，所以再增加 3 个不定积分公式：

$(21)\displaystyle\int \sqrt{a^2-x^2}\,\mathrm{d}x = \frac{a^2}{2}\arcsin\frac{x}{a}+\frac{1}{2}x\sqrt{a^2-x^2}+C \quad (a>0).$

$(22)\displaystyle\int \frac{1}{\sqrt{x^2+a^2}}\mathrm{d}x = \ln\left|x+\sqrt{x^2+a^2}\right|+C \quad (a>0).$

$(23)\displaystyle\int \frac{1}{\sqrt{x^2-a^2}}\mathrm{d}x = \ln\left|x+\sqrt{x^2-a^2}\right|+C \quad (a>0).$

 习题 4.2

1.求下列不定积分：

$(1)\displaystyle\int \frac{1}{2+3x}\mathrm{d}x;$

$(2)\displaystyle\int \cos(5x+1)\mathrm{d}x;$

$(3)\displaystyle\int \frac{5x^2}{1+x^3}\mathrm{d}x;$

$(4)\displaystyle\int \frac{\mathrm{e}^{\arcsin x}}{\sqrt{1-x^2}}\mathrm{d}x;$

$(5)\displaystyle\int \frac{3\mathrm{d}x}{4+x^2};$

$(6)\displaystyle\int \frac{\mathrm{e}^3}{\sqrt{9-x^2}}\mathrm{d}x;$

$(7)\displaystyle\int \frac{\pi}{x^2-5}\mathrm{d}x;$

$(8)\displaystyle\int \sin^2 x\cos^5 x\,\mathrm{d}x;$

$(9)\displaystyle\int \sec^6 x\,\mathrm{d}x.$

2. 求下列不定积分：

（1）$\displaystyle\int \frac{1}{1+\sqrt{5x}}\mathrm{d}x$；

（2）$\displaystyle\int \frac{1}{(x^2+1)^2}\mathrm{d}x$；

（3）$\displaystyle\int \frac{1}{x^4\sqrt{x^2+1}}\mathrm{d}x$；

（4）$\displaystyle\int \frac{x^2}{\sqrt{4-x^2}}\mathrm{d}x$.

3. 求下列不定积分：

（1）$\displaystyle\int \frac{\sqrt{1+x^2}+\sqrt{1-x^2}}{\sqrt{1-x^4}}\mathrm{d}x$；

（2）$\displaystyle\int \frac{\sqrt{x^2+1}+\sqrt{x^2-1}}{\sqrt{x^4-1}}\mathrm{d}x$.

4.3　不定积分的分部积分法

设 $u = u(x), v = v(x)$ 是具有连续导数的函数,根据导数的运算法则,有
$$(uv)' = u'v + uv',$$
移项,得
$$uv' = (uv)' - u'v.$$
两边求不定积分,得
$$\int uv' \mathrm{d}x = uv - \int u'v \mathrm{d}x. \tag{4.3.1}$$

如果 $\displaystyle\int uv' \mathrm{d}x$ 不容易求得,而 $\displaystyle\int u'v \mathrm{d}x$ 容易求得,我们就可以化难为易,将求 $\displaystyle\int uv' \mathrm{d}x$ 转化为求 $\displaystyle\int u'v \mathrm{d}x$.这实际上是又一种求不定积分的常用方法——不定积分的分部积分法.

式(4.3.1)也可以写成
$$\int u \mathrm{d}v = uv - \int v \mathrm{d}u. \tag{4.3.2}$$

使用不定积分的分部积分法,其关键是如何把被积函数分成两部分 u 和 v',也就是如何确定 u 和 v.

例 1　求 $\displaystyle\int x\cos x \mathrm{d}x$.

解法 1　令 $u = \cos x, x\mathrm{d}x = \mathrm{d}\left(\dfrac{x^2}{2}\right) = \mathrm{d}v$,则
$$\int x\cos x \mathrm{d}x = \frac{x^2}{2}\cos x + \int \frac{x^2}{2}\sin x \mathrm{d}x.$$

我们发现 $\displaystyle\int \frac{x^2}{2}\sin x \mathrm{d}x$ 比 $\displaystyle\int x\cos x \mathrm{d}x$ 复杂,也更难求,所以这种转化是没有意义的.其实这是因为在 u 和 v 的选择上出了问题,我们换一种 u 和 v 的选择方式.

解法 2　令 $u = x, \cos x \mathrm{d}x = \mathrm{d}(\sin x) = \mathrm{d}v$,则
$$\int x\cos x \mathrm{d}x = \int x\mathrm{d}(\sin x) = x\sin x - \int \sin x \mathrm{d}x = x\sin x + \cos x + C.$$

问题得到圆满解决!由此可见,在用不定积分的分部积分法求不定积分时,u 和 v 的选择是否正确关乎解题的成败.人生道路上也有很多选择,有时一个选择也会关乎人的前途命运,所以不冲动、不莽撞,三思而后行,科学决策对一个人的成长和发展也

是很重要的.

当我们对不定积分的分部积分公式熟练了以后,过程中也可以不注明 u,v.

例 2 求 $\int x^2 \mathrm{e}^x \mathrm{d}x$.

解 $\int x^2 \mathrm{e}^x \mathrm{d}x = \int x^2 \mathrm{d}\mathrm{e}^x = x^2 \mathrm{e}^x - \int \mathrm{e}^x \mathrm{d}x^2 = x^2 \mathrm{e}^x - 2\int x\mathrm{e}^x \mathrm{d}x.$

(我们发现 $\int x\mathrm{e}^x \mathrm{d}x$ 比 $\int x^2 \mathrm{e}^x \mathrm{d}x$ 简单,因为将 x^2 降次为 x,所以虽然没有一次求得不定积分,但解题方向是对的,在 u 和 v 的选择上没有错.)

对 $\int x\mathrm{e}^x \mathrm{d}x$ 再用分部积分法求解:

$$\int x\mathrm{e}^x \mathrm{d}x = \int x\mathrm{d}\mathrm{e}^x = x\mathrm{e}^x - \int \mathrm{e}^x \mathrm{d}x = x\mathrm{e}^x - \mathrm{e}^x + C.$$

综上可得:

$$\int x^2 \mathrm{e}^x \mathrm{d}x = x^2 \mathrm{e}^x - 2\int x\mathrm{e}^x \mathrm{d}x = x^2 \mathrm{e}^x - 2(x\mathrm{e}^x - \mathrm{e}^x) + C.$$

例1、例2两道题目对 u 和 v 的选择方法是具有一般性的,通常情况下,如果被积函数是幂函数和正(余)弦函数或幂函数和指数函数的乘积,就考虑设幂函数为 u,使其降幂一次(假定幂指数是正整数).

例 3 求 $\int x \arctan x \mathrm{d}x$.

解 $\int x \arctan x \mathrm{d}x = \int \arctan x \mathrm{d}\left(\dfrac{x^2}{2}\right) = \dfrac{x^2}{2}\arctan x - \int \dfrac{x^2}{2}\mathrm{d}(\arctan x)$

$\qquad = \dfrac{x^2}{2}\arctan x - \int \dfrac{x^2}{2} \cdot \dfrac{1}{1+x^2}\mathrm{d}x$

$\qquad = \dfrac{x^2}{2}\arctan x - \int \dfrac{1}{2}\left(1 - \dfrac{1}{1+x^2}\right)\mathrm{d}x$

$\qquad = \dfrac{x^2}{2}\arctan x - \dfrac{1}{2}(x - \arctan x) + C.$

例 4 求 $\int x^3 \ln x \mathrm{d}x$.

解 $\int x^3 \ln x \mathrm{d}x = \int \ln x \mathrm{d}\left(\dfrac{x^4}{4}\right) = \dfrac{1}{4}x^4 \ln x - \dfrac{1}{4}\int x^3 \mathrm{d}x$

$\qquad = \dfrac{1}{4}x^4 \ln x - \dfrac{1}{16}x^4 + C.$

例3、例4两道题目对 u 和 v 的选择方法也是具有一般性的,通常情况下,如果被积函数是幂函数和反三角函数或幂函数和对数函数的乘积,就考虑设反三角函数或对数函数为 u.

采用不定积分的分部积分法时,有时还会用到"循环形式"来巧妙解题.

例 **5** 求 $\int \sin(\ln x)\mathrm{d}x$.

解
$$\int \sin(\ln x)\mathrm{d}x = x\sin(\ln x) - \int x\mathrm{d}\big[\sin(\ln x)\big]$$
$$= x\sin(\ln x) - \int x\cos(\ln x)\frac{1}{x}\mathrm{d}x$$
$$= x\sin(\ln x) - x\cos(\ln x) + \int x\mathrm{d}\big[\cos(\ln x)\big]$$
$$= x\big[\sin(\ln x) - \cos(\ln x)\big] - \int \sin(\ln x)\mathrm{d}x,$$

移项后可得
$$\int \sin(\ln x)\mathrm{d}x = \frac{x}{2}\big[\sin(\ln x) - \cos(\ln x)\big] + C.$$

注意:不能写成 $\int \sin(\ln x)\mathrm{d}x = \frac{x}{2}\big[\sin(\ln x) - \cos(\ln x)\big]$,因为这个式子的等号左边有不定积分号 $\int$,等号右边不包含积分项,没有不定积分号 $\int$,所以必须加上任意常数 C.

例 **6** 求 $\int a^x \cos x\mathrm{d}x$.

解
$$\int a^x \cos x\mathrm{d}x = \frac{1}{\ln a}\int \cos x\mathrm{d}a^x = \frac{a^x}{\ln a}\cos x - \frac{1}{\ln a}\int a^x \mathrm{d}(\cos x)$$
$$= \frac{a^x}{\ln a}\cos x + \frac{1}{\ln a}\int a^x \sin x\mathrm{d}x$$
$$= \frac{a^x}{\ln a}\cos x + \frac{1}{\ln a}\left(\frac{1}{\ln a}\int \sin x\mathrm{d}a^x\right)$$
$$= \frac{a^x}{\ln a}\cos x + \frac{1}{\ln^2 a}\left[a^x \sin x - \int a^x \mathrm{d}(\sin x)\right]$$
$$= \frac{a^x}{\ln a}\cos x + \frac{1}{\ln^2 a}\left(a^x \sin x - \int a^x \cos x\mathrm{d}x\right)$$
$$= \frac{a^x}{\ln a}\cos x + \frac{a^x}{\ln^2 a}\sin x - \frac{1}{\ln^2 a}\int a^x \cos x\mathrm{d}x,$$

移项后可得
$$\int a^x \cos x\mathrm{d}x = \frac{1}{1 + \dfrac{1}{\ln^2 a}}\left(\frac{a^x}{\ln a}\cos x + \frac{a^x}{\ln^2 a}\sin x\right) + C$$
$$= \frac{\ln^2 a}{1 + \ln^2 a}\left(\frac{a^x}{\ln a}\cos x + \frac{a^x}{\ln^2 a}\sin x\right) + C.$$

不定积分的计算向来都是一个难点,从来没有一个人敢说可以求出任何一个函数的不定积分. 很多题目需要综合使用换元法、分部积分法、直接积分法等多种方法而解得.

例 求 $\int \arcsin x \, dx$.

解 $\int \arcsin x \, dx = x \arcsin x - \int x \, d(\arcsin x) = x \arcsin x - \int \dfrac{x}{\sqrt{1-x^2}} dx$

$$= x \arcsin x + \frac{1}{2} \int (1-x^2)^{-\frac{1}{2}} d(1-x^2)$$

$$= x \arcsin x + \sqrt{1-x^2} + C.$$

◇ **习题** 4.3

1. 求下列不定积分:

(1) $\int x^3 \sin x \, dx$;

(2) $\int 2^x x^2 \, dx$;

(3) $\int x \arcsin x \, dx$;

(4) $\int x \log_2 x \, dx$;

(5) $\int e^x \sin x \, dx$;

(6) $\int x^3 \cos x^2 \, dx$;

(7) $\int \cos(\ln x) \, dx$.

2. 已知 $f(x)$ 的一个原函数是 e^{-x^2}, 求 $\int x f'(x) \, dx$.

本章学习小结

第5章　　定积分及其应用

第4章研究的内容叫"不定积分",既然有叫"不定积分"的,那是不是还有叫"定积分"的呢?答案是肯定的,其实定积分问题是积分学的又一个基本问题,它在几何学、物理学、经济学等领域都有广泛的应用.

5.1　　定积分的概念与性质

5.1.1　引出定积分概念的两个实例

我们来看一下几何学和物理学中的两个实例.

实例 1　曲边梯形的面积.

在初等数学学习阶段,我们已经掌握了三角形、平行四边形、梯形、圆等众多规则图形面积的计算方法.但在我们的实际生活中,有很多图形的面积是不规则的,比如不规则的花坛、池塘等等,它们的面积用初等数学知识是无法解决的.学习了本章知识,我们就可以计算出这类不规则图形的面积.

我们把由曲线 $y = f(x)$,直线 $x = a$,$x = b$ 和 $y = 0$ 围成的图形(见图5-1),称作是曲边梯形.

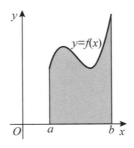

图 5-1

现在我们来求这个曲边梯形的面积 S(不妨令 $f(x) \geqslant 0$),我们按"以大化小、以常代变、求近似和、求取极限"的思路和步骤进行:

（1）以大化小．将曲边梯形分割为 n 个小曲边梯形：在区间 $[a,b]$ 中任意插入 $n-1$ 个分点

$$a = x_0 < x_1 < x_2 < \cdots < x_{n-1} < x_n = b,$$

用直线 $x = x_i$ 将曲边梯形分成 n 个小曲边梯形.

（2）以常代变．以直线代替曲线，用高为常量的小矩形面积近似代替"高"变化的小曲边梯形面积：在第 i 个小曲边梯形上任取 $\xi_i \in [x_{i-1}, x_i]$，作以 $[x_{i-1}, x_i]$ 为底、以 $f(\xi_i)$ 为高的小矩形（见图 5-2），并以此小矩形的面积近似代替相应小曲边梯形的面积 S_i. 此时小矩形的宽为 $\Delta x_i = x_i - x_{i-1}$，高为 $f(\xi_i)$，小矩形的面积为 $f(\xi_i)\Delta x_i$，小曲边梯形的面积为：

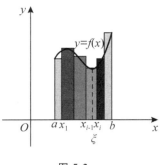

图 5-2

$$S_i \approx f(\xi_i)\Delta x_i \quad (i = 1, 2, \cdots, n).$$

（3）求近似和．求出小矩形面积之和，并用它近似代替小曲边梯形之和：

$$S = \sum_{i=1}^{n} S_i \approx \sum_{i=1}^{n} f(\xi_i)\Delta x_i.$$

（4）求取极限．n 值无限增大，无限细分曲边梯形，保证所有小矩形的宽都无限缩小，取小矩形面积之和的极限值，即得曲边梯形面积的精确值．令 $\lambda = \max_{1 \leqslant i \leqslant n}\{\Delta x_i\}$，则曲边梯形面积为：

$$S = \lim_{\lambda \to 0} \sum_{i=1}^{n} S_i = \lim_{\lambda \to 0} \sum_{i=1}^{n} f(\xi_i)\Delta x_i.$$

实例 2 变速直线运动的路程.

物理学中匀速直线运动路程的计算公式为 $s = vt$，但变速直线运动的速度随着时间的变化而变化，即 $v = v(t)$，此时就不能直接用 $s = vt$ 来计算．考虑到 $v = v(t)$ 是连续变化的，在很短的时间内，其速度变化很小，接近匀速．故在很短的时间内，我们可以用匀速近似代替变速．我们还是按照"以大化小、以常代变、求近似和、求取极限"的思路和步骤进行：

首先我们把问题描述为：设某物体做直线运动，已知速度 $v = v(t)$，$t \in [T_1, T_2]$，且 $v(t) \geqslant 0$，求在运动时间内物体所经过的路程 s.

（1）以大化小．将时间段 $[T_1, T_2]$ 划分为 n 个小时间段：在 $[T_1, T_2]$ 中任意插入 $n-1$ 个分点，将它分成 n 个小时间段 $[t_{i-1}, t_i]$，其中 $i = 1, 2, \cdots, n$，则在每个小时间段上，物体经过的路程为：

$$s_i \quad (i = 1, 2, \cdots, n).$$

（2）以常代变．以匀速代替变速，用速度为常量的路程近似代替变速下的路程：在第 i 个小时间段上任取 $\xi_i \in [t_{i-1}, t_i]$，在 $\Delta t_i = t_i - t_{i-1}$ 内匀速下的路程为 $v(\xi_i)\Delta t_i$，变速下的路程为：

$$s_i \approx v(\xi_i)\Delta t_i \quad (i = 1, 2, \cdots, n).$$

（3）求近似和. 求出匀速下各小时间段内路程之和，并用它近似代替变速下各小时间段内路程之和：

$$s = \sum_{i=1}^{n} s_i \approx \sum_{i=1}^{n} v(\xi_i)\Delta t_i.$$

（4）求取极限. n 值无限增大，无限细分时间段，保证所有小时间段都无限缩小，取匀速下各小时间段内路程之和的极限值，即得变速下运动时间内物体所经过的路程的精确值. 令 $\lambda = \max_{1 \leqslant i \leqslant n}\{\Delta t_i\}$，则有：

$$s = \lim_{\lambda \to 0} \sum_{i=1}^{n} s_i = \lim_{\lambda \to 0} \sum_{i=1}^{n} v(\xi_i)\Delta t_i.$$

5.1.2 定积分的概念

上面两个实例虽具体背景不同，但分析问题和解决问题的方法与步骤是完全相同的，都是"以大化小、以常代变、求近似和、求取极限"，并且得出的结果也是相似的，都是特定和式的极限. 其实数学的抽象正是要抛开问题的具体背景，抓住其数量关系上的共同本质特性. 我们在这种抽象的形式下研究它们，可以引出积分学中定积分的概念.

定义 设函数 $f(x)$ 在区间 $[a, b]$ 上有界，在 $[a, b]$ 中任意插入 $n-1$ 个分点

$$a = x_0 < x_1 < x_2 < \cdots < x_{n-1} < x_n = b,$$

把 $[a, b]$ 分成 n 个小区间，各小区间的长度依次为

$$\Delta x_i = x_i - x_{i-1} \quad (i = 1, 2, \cdots, n),$$

在各小区间上任取一点 ξ_i，作乘积 $f(\xi_i)\Delta x_i$ $(i = 1, 2, \cdots, n)$，并作和

$$S = \sum_{i=1}^{n} f(\xi_i)\Delta x_i.$$

记 $\lambda = \max_{1 \leqslant i \leqslant n}\{\Delta x_i\}$，如果不论对区间 $[a, b]$ 采取怎样的分法，也不论在小区间 $[x_{i-1}, x_i]$ 上点 ξ_i 怎么取，只要 $\lambda \to 0$ 时，和 S 的极限总存在且唯一，则称函数 $f(x)$ 在 $[a, b]$ 上可积，并称此极限值为 $f(x)$ 在 $[a, b]$ 上的**定积分**，记作 $\int_a^b f(x)\mathrm{d}x$，即

$$\int_a^b f(x)\mathrm{d}x = \lim_{\lambda \to 0} \sum_{i=1}^{n} f(\xi_i)\Delta x_i.$$

其中，$f(x)$ 称为被积函数；$f(x)\mathrm{d}x$ 称为被积表达式；x 称为积分变量；$[a, b]$ 称为积分区间；a 和 b 分别称为积分的下限和上限；和式 $\sum_{i=1}^{n} f(\xi_i)\Delta x_i$ 称为 $f(x)$ 的积分和.

根据定积分的定义，本节中的两个实例可以表达如下：

实例 1 中曲边梯形的面积是曲线方程 $y = f(x)$ 在 $[a, b]$ 上的定积分，即

$$S = \int_a^b f(x)\mathrm{d}x \quad (f(x) \geqslant 0).$$

实例 2 中变速直线运动的路程是速度函数 $v = v(t)$ 在 $[T_1, T_2]$ 上的定积分,即

$$S = \int_{T_1}^{T_2} v(t) \mathrm{d}t.$$

定积分的思想"以大化小、以常代变、求近似和、求取极限"含有丰富的辩证法思想,"以大化小"就是"化整为零","以常代变"就是"抓大放小","求近似和"就是"集零为整","求取极限"就是量变引起质变,使近似突变为精确,整个过程收放自如.

对定积分的定义,还有几点需要注意:

(1) 积分值仅与被积函数及积分区间有关,而与积分变量的字母无关,即

$$\int_a^b f(x) \mathrm{d}x = \int_a^b f(t) \mathrm{d}t = \int_a^b f(u) \mathrm{d}u.$$

(2) 定义中区间的分法和 ξ_i 的取法是任意的.

(3) 当函数 $f(x)$ 在 $[a,b]$ 上的定积分存在时,称函数 $f(x)$ 在 $[a,b]$ 上可积.

(4) 定义中"lim"下的 $\lambda \to 0$ 表示所有小区间的长度都趋向于 0,必定包含着小区间数 $n \to \infty$,但 $n \to \infty$ 却不能保证 $\lambda \to 0$,因为小区间无限增多并不能保证每个小区间的长度都趋向于 0.

(5) 定义中随着 ξ_i 的取法不同,如果和 S 的极限存在但不唯一,则函数 $f(x)$ 在 $[a,b]$ 上是不可积的. 如

$$f(x) = \begin{cases} 1, & x \text{ 取有理数}, \\ -1, & x \text{ 取无理数}, \end{cases} \quad x \in [0,1],$$

当 ξ_i 都取有理数时,和 S 的极限为 1;当 ξ_i 都取无理数时,和 S 的极限为 -1,则该函数在 $[0,1]$ 上就是不可积的.

(6) 常见的函数 $f(x)$ 在 $[a,b]$ 上可积的充分条件有以下两种:

第一,如果 $f(x)$ 在 $[a,b]$ 上连续,则 $f(x)$ 在 $[a,b]$ 上可积.

第二,如果 $f(x)$ 在 $[a,b]$ 上只有有限个第一类间断点,则 $f(x)$ 在 $[a,b]$ 上可积.

(7) 定义要求被积函数 $f(x)$ 在 $[a,b]$ 上一定是有界的,当 $f(x)$ 在 $[a,b]$ 上无界时,总可以选取点 ξ_i,使积分和成为无穷大,于是积分和的极限不存在. 因此,无界函数是不可积的,也就是说,$f(x)$ 有界是 $f(x)$ 可积的必要条件.

5.1.3　定积分的几何意义

我们分三种情况来说明定积分的几何意义:

(1) 当 $f(x) \geqslant 0$ 时,由上述实例 1 曲边梯形的面积可知,$\int_a^b f(x) \mathrm{d}x = S$,定积分就是曲线 $y = f(x)$,直线 $x = a$,$x = b$ 和 $y = 0$ 所围成的图形的面积.

(2) 当 $f(x) < 0$ 时,曲线 $y = f(x)$ 在 x 轴的下方(见图 5-3),由定积分的定义可知:

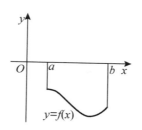

图 5-3

$$\int_a^b f(x)\mathrm{d}x = \lim_{\lambda \to 0} \sum_{i=1}^n f(\xi_i)\Delta x_i,$$

此时 $f(\xi_i) < 0, \Delta x_i > 0$，故 $f(\xi_i)\Delta x_i < 0$，进而

$$\sum_{i=1}^n f(\xi_i)\Delta x_i < 0, \qquad \lim_{\lambda \to 0} \sum_{i=1}^n f(\xi_i)\Delta x_i < 0,$$

即

$$\int_a^b f(x)\mathrm{d}x < 0,$$

$\left| \int_a^b f(x)\mathrm{d}x \right|$ 就是曲边梯形的面积 S. 也就是说，$\int_a^b f(x)\mathrm{d}x = -S$，定积分就是曲线 $y = f(x)$，直线 $x = a, x = b$ 和 $y = 0$ 所围成的图形的面积的负值.

（3）当 $f(x)$ 在 $[a,b]$ 上的值有正有负时，根据（1）、（2）的分析可知，定积分是介于曲线 $y = f(x)$，直线 $x = a, x = b$ 和 $y = 0$ 之间的各部分面积的代数和. 在 $y = 0$ 上方的取正号，在 $y = 0$ 下方的取负号.

在图 5-4 中，就是

$$\int_a^b f(x)\mathrm{d}x = S_1 - S_2 + S_3 - S_4 + S_5.$$

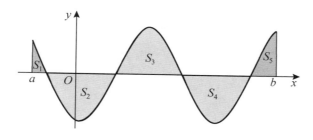

图 5-4

5.1.4　定积分的基本性质

我们约定下面讨论的各性质中积分上、下限的大小，如不特别说明，均不加限制，并假定各性质中所列出的定积分都是存在的.

性质 1　当 $a = b$ 时，$\int_a^b f(x)\mathrm{d}x = 0$.

在 $\int_a^b f(x)\mathrm{d}x = \lim\limits_{\lambda \to 0}\sum\limits_{i=1}^n f(\xi_i)\Delta x_i$ 中，$\Delta x_i = 0$，所以不难理解

$$\lim_{\lambda \to 0}\sum_{i=1}^n f(\xi_i)\Delta x_i = 0,$$

即

$$\int_a^b f(x)\mathrm{d}x = 0.$$

性质 2　当 $a > b$ 时，$\int_a^b f(x)\mathrm{d}x = -\int_b^a f(x)\mathrm{d}x.$

这从 $x_i - x_{i-1} = -(x_{i-1} - x_i)$ 和定积分的定义也容易理解.

性质 3　$\int_a^b [f(x) \pm g(x)]\mathrm{d}x = \int_a^b f(x)\mathrm{d}x \pm \int_a^b g(x)\mathrm{d}x.$

利用定积分的定义容易证得这个性质，该性质也可以推广到有限多个函数作和的情况.

性质 4　$\int_a^b kf(x)\mathrm{d}x = k\int_a^b f(x)\mathrm{d}x$　（k 为常数）.

利用定积分的定义也容易证得这个性质.

性质 5　$\int_a^b f(x)\mathrm{d}x = \int_a^c f(x)\mathrm{d}x + \int_c^b f(x)\mathrm{d}x$　（a,b,c 为常数）.

这个性质也称为定积分对积分区间的可加性.

性质 6　$\int_a^b 1 \cdot \mathrm{d}x = \int_a^b \mathrm{d}x = b - a.$

性质 7　如果在区间 $[a,b]$ 上有 $f(x) \geqslant 0$，则

$$\int_a^b f(x)\mathrm{d}x \geqslant 0 \quad (a < b).$$

例 1　比较积分值 $\int_0^{-2} \mathrm{e}^x \mathrm{d}x$ 和 $\int_0^{-2} x\mathrm{d}x$ 的大小.

解　令 $f(x) = \mathrm{e}^x - x$，$x \in [-2,0]$，因为 $f(x) > 0$，则

$$\int_{-2}^0 (\mathrm{e}^x - x)\mathrm{d}x > 0,$$

$$\int_{-2}^0 \mathrm{e}^x \mathrm{d}x > \int_{-2}^0 x\mathrm{d}x,$$

即

$$\int_0^{-2} \mathrm{e}^x \mathrm{d}x < \int_0^{-2} x\mathrm{d}x.$$

性质 7 有如下推论：

推论 1　如果在区间 $[a,b]$ 上有 $f(x) \leqslant g(x)$，则

$$\int_a^b f(x)\mathrm{d}x \leqslant \int_a^b g(x)\mathrm{d}x \quad (a < b).$$

推论 2 $\left|\int_a^b f(x)\mathrm{d}x\right| \leqslant \int_a^b |f(x)|\mathrm{d}x \quad (a < b).$

性质 8（积分估值定理） 设函数 $f(x)$ 在 $[a,b]$ 上连续，且 $m \leqslant f(x) \leqslant M$，则

$$m(b-a) \leqslant \int_a^b f(x)\mathrm{d}x \leqslant M(b-a).$$

例 2 估计积分值 $\int_0^\pi \dfrac{1}{3+\sin^3 x}\mathrm{d}x$ 的范围.

解 令 $f(x) = \dfrac{1}{3+\sin^3 x}$，则对于任意给定的 $x \in [0,\pi]$，总有：

$$0 \leqslant \sin^3 x \leqslant 1,$$

所以

$$\frac{1}{4} \leqslant \frac{1}{3+\sin^3 x} \leqslant \frac{1}{3},$$

则有

$$\int_0^\pi \frac{1}{4}\mathrm{d}x \leqslant \int_0^\pi \frac{1}{3+\sin^3 x}\mathrm{d}x \leqslant \int_0^\pi \frac{1}{3}\mathrm{d}x,$$

即

$$\frac{\pi}{4} \leqslant \int_0^\pi \frac{1}{3+\sin^3 x}\mathrm{d}x \leqslant \frac{\pi}{3}.$$

性质 9（积分中值定理） 设函数 $f(x)$ 在 $[a,b]$ 上连续，则在积分区间 $[a,b]$ 上至少存在一点 ξ，使得

$$\int_a^b f(x)\mathrm{d}x = f(\xi)(b-a) \quad (a \leqslant \xi \leqslant b).$$

这个性质我们可以用图像来进行直观理解，如图 5-5(a) 所示，曲边梯形的面积是介于以 $f(x)$ 的最小值（不妨设为 $f(a)$）为宽、长为 $(b-a)$ 的矩形面积 $S_{\min}$ 和以 $f(x)$ 的最大值（不妨设为 $f(b)$）为宽、长为 $(b-a)$ 的矩形面积 $S_{\max}$ 之间. 从 $S_{\min}$ 变化到 $S_{\max}$ 是一个连续的过程，所以曲边梯形的面积一定等于一个以 $f(\xi)(a \leqslant \xi \leqslant b)$ 为宽、长为 $(b-a)$ 的矩形面积，如图 5-5(b) 所示，即在积分区间 $[a,b]$ 上至少存在一点 ξ，使得

$$\int_a^b f(x)\mathrm{d}x = f(\xi)(b-a) \quad (a \leqslant \xi \leqslant b).$$

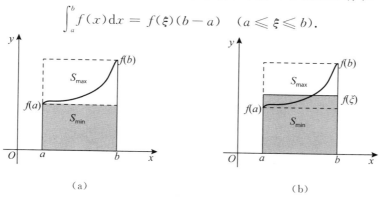

（a）　　　　　　　　　　（b）

图 5-5

习题 5.1

1. 比较积分值 $\int_0^1 x^2 \mathrm{d}x$ 和 $\int_0^1 x^3 \mathrm{d}x$ 的大小.

2. 估计积分值 $\int_2^5 (x^2 + 4) \mathrm{d}x$ 的范围.

5.2　微积分学基本定理

通过"4.1.2　不定积分的概念"的学习,我们知道不定积分是导数的逆运算,

$$\int f(x)\mathrm{d}x = F(x) + c \quad (F'(x) = f(x)).$$

通过"5.1.2　定积分的概念"的学习,我们知道定积分是一个和式的极限,

$$\int_a^b f(x)\mathrm{d}x = \lim_{\lambda \to 0} \sum_{i=1}^n f(\xi_i)\Delta x_i,$$

不定积分和定积分两者似乎风马牛不相及.但为什么它们两者之间的名称只有一字之差呢?另外,根据定积分的定义求定积分应该是一件很复杂的事情,有时甚至是不可能的.

好在 17 世纪中叶的时候,牛顿和莱布尼茨先后发现了定积分和不定积分之间的内在联系,解答了为什么不定积分和定积分在名称上只有一字之差的疑惑,也得到了计算定积分的简便方法,进而使定积分学真正成为解决各种实际问题的有力工具.

牛顿和莱布尼茨是同时代的伟大数学家,他们各自独立地发明了微积分.在此,对他们作一简单介绍.

小故事

牛顿 1643 年出生于英国,被称为百科全书式的"全才",除了是著名的数学家之外,还是著名的物理学家,我们在中学物理中学习了以其名字命名的牛顿三大运动定律,他的名字也成为衡量力大小的国际单位.牛顿在经济学上也很有成就,提出了以黄金为本位币的货币制度,即金本位制度.

少年时的牛顿并不是"神童",他成绩虽一般,但喜欢读书.在牛顿出生前的 3 个月,他的父亲就去世了,他的母亲迫于生活让少年牛顿停学务农,贴补家用.但牛顿一有机会便埋首书卷,以至于经常忘了干活.每次,母亲叫他同佣人一道上市场,去熟悉做交易的门道时,他便恳求佣人一个人上街,自己则躲在树丛后看书.有一次,牛顿的舅父起了疑心,就跟踪牛顿上市镇去,结果发现牛顿伸着腿,躺在草地上,正在聚精会神地钻研一道数学问题.牛顿的好学精神感动了舅父,于是舅父劝服了母亲让牛顿复学,并鼓励牛顿上大学读书.牛顿又重新回到了学校,如饥似渴地汲取着书本上的营

养,最终成为一代大家.①

牛顿的成长史告诉我们,小时候聪明与否并不决定一个人最终是否有大成就,有成就的人并不一定都是"神童",那些持之以恒、刻苦学习、精益求精的人更有可能取得成就.

莱布尼茨 1646 年出生于德国,也是历史上少见的通才,被誉为 17 世纪的亚里士多德,他除了是著名的数学家之外,还是著名的哲学家.

和牛顿相比,莱布尼茨所使用的微积分数学符号被普遍认为更综合、适用范围更加广泛,并最后被大家所接受和采纳.现今在微积分领域中使用的符号仍是莱布尼茨所提出的,比如,微分符号"dx""dy",是莱布尼茨在 1684 年发表的第一篇微分论文中定义微分概念时所使用的;积分符号"$\int$"是 1686 年莱布尼茨在发表的积分论文中讨论到微分与积分时所使用的.

但是,有些英国学者在开放性上表现得不够大度,由于对牛顿的盲目崇拜,他们长期固守于牛顿的流数术,只用牛顿的流数符号,不屑于采用莱布尼茨更优越的符号,以致英国的数学脱离了数学发展的时代潮流百余年.②可见,在追求真理的道路上,秉持客观、理性、严谨的态度是很有必要的,正如亚里士多德的至理名言"吾爱吾师,吾更爱真理".

5.2.1　变上限积分

设函数 $f(x)$ 在闭区间 $[a,b]$ 上连续,$x \in [a,b]$,则积分 $\int_a^x f(t)\mathrm{d}t$ 一定存在,当积分上限 x 在闭区间 $[a,b]$ 上任取一值时,则对于每一个取定的 x 值,定积分 $\int_a^x f(t)\mathrm{d}t$ 有一个对应值,所以,实际上 $\int_a^x f(t)\mathrm{d}t$ 是在闭区间 $[a,b]$ 上的一个函数,我们把它记为

$$\Phi(x) = \int_a^x f(t)\mathrm{d}t, \quad x \in [a,b].$$

这个函数称为**变上限积分**(或**积分上限函数**).在图形上直观地表示出来就如图 5-6 中阴影部分的面积.

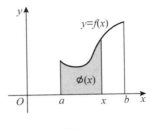

图 5-6

① 张燕波.牛顿[M].北京:中国青年出版社,2021:4-30.
② 舒绍福.德国精神[M].北京:当代世界出版社,2008:120.

定理 5.2.1 函数 $f(x)$ 在闭区间 $[a,b]$ 上连续，$x \in [a,b]$，则积分上限函数 $\Phi(x) = \int_a^x f(t)\mathrm{d}t$ 在闭区间 $[a,b]$ 上具有导数，且它的导数是

$$\Phi'(x) = \frac{\mathrm{d}}{\mathrm{d}x}\int_a^x f(t)\mathrm{d}t = f(x).$$

证明 因为

$$\Phi(x) = \int_a^x f(t)\mathrm{d}t, \quad \Phi(x + \Delta x) = \int_a^{x+\Delta x} f(t)\mathrm{d}t,$$

所以

$$\begin{aligned}
\Delta \Phi &= \Phi(x + \Delta x) - \Phi(x) \\
&= \int_a^{x+\Delta x} f(t)\mathrm{d}t - \int_a^x f(t)\mathrm{d}t \\
&= \int_a^x f(t)\mathrm{d}t + \int_x^{x+\Delta x} f(t)\mathrm{d}t - \int_a^x f(t)\mathrm{d}t \\
&= \int_x^{x+\Delta x} f(t)\mathrm{d}t.
\end{aligned}$$

由积分中值定理得：存在 $\xi \in [x, x+\Delta x]$，使得 $\Delta \Phi = f(\xi)\Delta x$，则有

$$\frac{\Delta \Phi}{\Delta x} = f(\xi).$$

即

$$\lim_{\Delta x \to 0} \frac{\Delta \Phi}{\Delta x} = \lim_{\Delta x \to 0} f(\xi).$$

又因为当 $\Delta x \to 0$ 时，$\xi \to x$，故有

$$\Phi'(x) = f(x).$$

定理 5.2.1 的另一种表述是：

定理 5.2.2 函数 $f(x)$ 在闭区间 $[a,b]$ 上连续，则积分上限函数

$$\Phi(x) = \int_a^x f(t)\mathrm{d}t$$

就是 $f(x)$ 在闭区间 $[a,b]$ 上的一个原函数.

定理 5.2.2 的重要意义在于：一方面，它肯定了连续函数的原函数是存在的，实际上它也是对定理4.1.1的证明；另一方面，它初步揭示了积分学中的定积分与原函数之间的联系，为我们利用原函数来计算定积分提供了可能性.

5.2.2 牛顿-莱布尼茨公式

微积分学基本定理将定积分的计算问题转化为求原函数的问题，把定积分的计算和不定积分的计算联系在一起，大大简化了定积分的计算.

定理 5.2.3(微积分学基本定理) 如果函数 $F(x)$ 是连续函数 $f(x)$ 在闭区间 $[a,b]$ 上的一个原函数，则

$$\int_a^b f(x)\mathrm{d}x = F(b) - F(a).$$

证明 因为 $F(x)$ 是 $f(x)$ 的一个原函数,又因为 $\Phi(x) = \int_a^x f(t)\mathrm{d}t$ 也是 $f(x)$ 的一个原函数,所以

$$F(x) - \Phi(x) = C, \quad x \in [a,b].$$

在上式中令 $x = a$ 得

$$F(a) - \Phi(a) = C.$$

因为

$$\Phi(a) = \int_a^a f(t)\mathrm{d}t = 0,$$

所以

$$F(a) = C.$$

又因为

$$F(x) - \int_a^x f(t)\mathrm{d}t = C,$$

则

$$\int_a^x f(t)\mathrm{d}t = F(x) - F(a).$$

在上式中令 $x = b$,即得

$$\int_a^b f(x)\mathrm{d}x = F(b) - F(a).$$

为方便起见,通常以 $F(x)\Big|_a^b$ 表示 $F(b) - F(a)$,即

$$\int_a^b f(x)\mathrm{d}x = F(x)\Big|_a^b = F(b) - F(a). \tag{5.2.1}$$

式(5.2.1)叫作**牛顿-莱布尼茨公式**,也叫作**微积分基本公式**.

例 1 求 $\int_0^1 x^2 \mathrm{d}x$.

解 $\displaystyle\int_0^1 x^2 \mathrm{d}x = \left(\frac{1}{3}x^3\right)\Big|_0^1 = \frac{1}{3} - 0 = \frac{1}{3}.$

例 2 设函数 $f(x) = \begin{cases} 2x, & 0 \leqslant x \leqslant 1, \\ 5, & 1 < x \leqslant 2, \end{cases}$ 求 $\int_0^2 f(x)\mathrm{d}x.$

解 函数 $f(x)$ 的图像如图 5-7 所示.

在闭区间 $[1,2]$ 上规定当 $x = 1$ 时,$f(x) = 5$.

$$\int_0^2 f(x)\mathrm{d}x = \int_0^1 f(x)\mathrm{d}x + \int_1^2 f(x)\mathrm{d}x$$

$$= \int_0^1 2x\mathrm{d}x + \int_1^2 5\mathrm{d}x$$

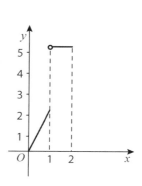

图 5-7

$$= x^2\Big|_0^1 + 5x\Big|_1^2$$
$$= 1 + 10 - 5$$
$$= 6.$$

例 3 求 $\int_{-2}^{2} \max\{x, x^2\}\mathrm{d}x$.

解　由图 5-8 可知,

$$f(x) = \max\{x, x^2\} = \begin{cases} x^2, & -2 \leqslant x \leqslant 0, \\ x, & 0 \leqslant x \leqslant 1, \\ x^2, & 1 \leqslant x \leqslant 2, \end{cases}$$

所以

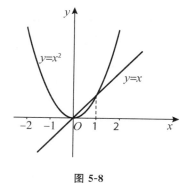

图 5-8

$$\int_{-2}^{2} \max\{x, x^2\}\mathrm{d}x = \int_{-2}^{0} x^2 \mathrm{d}x + \int_{0}^{1} x\mathrm{d}x + \int_{1}^{2} x^2 \mathrm{d}x$$
$$= \frac{1}{3}x^3\Big|_{-2}^{0} + \frac{1}{2}x^2\Big|_0^1 + \frac{1}{3}x^3\Big|_1^2$$
$$= \frac{8}{3} + \frac{1}{2} + \frac{8}{3} - \frac{1}{3}$$
$$= \frac{11}{2}.$$

习题 5.2

1. 求 $\Phi(x) = \int_0^x \sin^2 t \mathrm{d}t$ 的导数.

2. 求下列定积分:

(1) $\int_1^3 \left(x + \frac{1}{x}\right)\mathrm{d}x$;

(2) $\int_0^{\frac{\pi}{2}} (2\cos x + \sin x - 1)\mathrm{d}x$;

(3) $\int_{-2}^{-1} \frac{1}{x}\mathrm{d}x$;

(4) $\int_{-1}^{3} |2 - x|\,\mathrm{d}x$.

5.3 定积分的积分方法

微积分学基本定理已将求解定积分的问题转化为求解不定积分(或原函数)的问题,所以能不能求出定积分的关键在于能否求出不定积分(或原函数). 由于能够用直接积分法求解的不定积分和定积分都是非常有限的,因此我们还需要来学习定积分的其他解法. 这里我们主要介绍定积分的换元积分法和定积分的分部积分法.

5.3.1 定积分的换元积分法

定理 5.3.1   如果函数 $f(x)$ 在闭区间 $[a,b]$ 上连续,函数 $x = \varphi(t)$ 在闭区间 $[\alpha,\beta]$ 上单调且有连续导数 $\varphi'(t)$,当 t 在 $[\alpha,\beta]$ 上变化时,$x = \varphi(t)$ 的值在 $[a,b]$ 上变化,且 $\varphi(\alpha) = a, \varphi(\beta) = b$,则

$$\int_a^b f(x)\,\mathrm{d}x = \int_\alpha^\beta f[\varphi(t)]\varphi'(t)\,\mathrm{d}t. \tag{5.3.1}$$

式(5.3.1)称为定积分的换元积分公式,它和不定积分的换元积分公式很相似,从左到右使用该公式时,相当于不定积分的第二类换元积分法,从右到左使用该公式时,相当于不定积分的第一类换元积分法.

使用定理 5.3.1 时还要注意以下几点:

(1) 定积分的换元法在换元后,积分上、下限也要作相应的变换,即"换元必换限".

(2) 定积分在换元之后,因为已经随之换限,所以只需按新的积分变量进行定积分运算,而不必像不定积分那样再还原为原变量.

(3) 新变元的积分限可能是 $\alpha > \beta$,也可能是 $\alpha < \beta$,但一定要满足 $\varphi(\alpha) = a$, $\varphi(\beta) = b$,即 $t = \alpha$ 对应于 $x = a, t = \beta$ 对应于 $x = b$.

 求 $\int_0^{\frac{\pi}{2}} \sin^4 x\cos x\,\mathrm{d}x.$

解   令 $\sin x = t$,则

$$\cos x\,\mathrm{d}x = \mathrm{d}t.$$

我们把 x 和 t 的对应关系列表如下:

x	0	$\frac{\pi}{2}$
t	0	1

$$\int_0^{\frac{\pi}{2}} \sin^4 x \cos x \mathrm{d}x = \int_0^1 t^4 \mathrm{d}t = \frac{1}{5} t^5 \Big|_0^1 = \frac{1}{5}.$$

例 2 求 $\int_4^9 \dfrac{\sqrt{x}}{\sqrt{x}-1} \mathrm{d}x$.

解 令 $\sqrt{x} = t$，则

$$x = t^2, \quad \mathrm{d}x = 2t\mathrm{d}t.$$

我们把 x 和 t 的对应关系列表如下：

x	4	9
t	2	3

$$\int_4^9 \frac{\sqrt{x}}{\sqrt{x}-1} \mathrm{d}x = \int_2^3 \frac{t}{t-1} 2t\mathrm{d}t = 2\int_2^3 \frac{t^2-1+1}{t-1} \mathrm{d}t$$

$$= 2\int_2^3 \Big(t+1+\frac{1}{t-1}\Big)\mathrm{d}t$$

$$= 2\Big(\frac{t^2}{2} + t + \ln|t-1|\Big)\Big|_2^3 = 7 + \ln 4.$$

例 3 求 $\int_0^a \sqrt{a^2 - x^2}\,\mathrm{d}x \quad (a > 0)$.

解 令 $x = a\sin t$，则

$$\mathrm{d}x = a\cos t\mathrm{d}t.$$

我们把 x 和 t 的对应关系列表如下：

x	0	a
t	0	$\dfrac{\pi}{2}$

$$\int_0^a \sqrt{a^2 - x^2}\,\mathrm{d}x = a^2 \int_0^{\frac{\pi}{2}} \cos^2 t\mathrm{d}t = \frac{a^2}{2} \int_0^{\frac{\pi}{2}} (1+\cos 2t)\mathrm{d}t$$

$$= \frac{a^2}{2}\Big(t + \frac{1}{2}\sin 2t\Big)\Big|_0^{\frac{\pi}{2}} = \frac{\pi a^2}{4}.$$

对于偶函数和奇函数，利用定积分的换元积分法可以推得如下重要定理.

定理 5.3.2 设函数 $f(x)$ 在闭区间 $[-a, a]$ 上连续：

(1) 如果 $f(-x) = f(x)$，则 $\int_{-a}^a f(x)\mathrm{d}x = 2\int_0^a f(x)\mathrm{d}x$；

(2) 如果 $f(-x) = -f(x)$，则 $\int_{-a}^a f(x)\mathrm{d}x = 0$.

例 4 求 $\int_{-\sqrt{3}}^{\sqrt{3}} \dfrac{x^5 \sin^2 x}{1 + x^2 + x^4} \mathrm{d}x$.

解　易证 $f(x) = \dfrac{x^5 \sin^2 x}{1 + x^2 + x^4}$ 是奇函数，又因为 $f(x)$ 在 $[-\sqrt{3}, \sqrt{3}]$ 上，则根据定理 5.3.2 可得：

$$\int_{-\sqrt{3}}^{\sqrt{3}} \frac{x^5 \sin^2 x}{1 + x^2 + x^4} dx = 0.$$

例 5°　求 $\displaystyle\int_{-1}^{1} \sqrt{4 - x^2} \, dx$.

解　易证 $f(x) = \sqrt{4 - x^2}$ 是偶函数，又因为 $f(x)$ 在 $[-1, 1]$ 上，则有

$$\int_{-1}^{1} \sqrt{4 - x^2} \, dx = 2 \int_{0}^{1} \sqrt{4 - x^2} \, dx.$$

令 $x = 2\sin t$，则

$$dx = 2\cos t \, dt.$$

我们把 x 和 t 的对应关系列表如下：

x	0	1
t	0	$\dfrac{\pi}{6}$

$$\int_{-1}^{1} \sqrt{4 - x^2} \, dx = 2 \int_{0}^{1} \sqrt{4 - x^2} \, dx = 8 \int_{0}^{\frac{\pi}{6}} \cos^2 t \, dt$$

$$= 4 \int_{0}^{\frac{\pi}{6}} (1 + \cos 2t) \, dt$$

$$= 4 \left(t + \frac{1}{2} \sin 2t \right) \Big|_{0}^{\frac{\pi}{6}} = \frac{2}{3} \pi + \sqrt{3}.$$

5.3.2　定积分的分部积分法

定理 5.3.3　设 $u'(x), v'(x)$ 在闭区间 $[a, b]$ 上都连续，则有：

$$\int_{a}^{b} u(x) v'(x) \, dx = u(x) v(x) \Big|_{a}^{b} - \int_{a}^{b} u'(x) v(x) \, dx. \tag{5.3.2}$$

式 (5.3.2) 称为定积分的分部积分公式，通常简记为：

$$\int_{a}^{b} u \, dv = uv \Big|_{a}^{b} - \int_{a}^{b} v \, du.$$

和定积分的换元积分公式"换元必换限"不同的是：定积分的分部积分公式中并未"换元"，而是"配元". 需要注意的是"配元不换限"，即定积分的分部积分公式中前后定积分的上、下限是没有发生变化的.

例 6°　求 $\displaystyle\int_{1}^{4} \frac{\ln x}{\sqrt{x}} \, dx$.

解　$\displaystyle\int_{1}^{4} \frac{\ln x}{\sqrt{x}} \, dx = 2 \int_{1}^{4} \ln x \, d\sqrt{x} = (2\sqrt{x} \ln x) \Big|_{1}^{4} - 2 \int_{1}^{4} \sqrt{x} \cdot \frac{1}{x} \, dx$

$$= 4\ln 4 - 2\int_1^4 \frac{1}{\sqrt{x}}\mathrm{d}x = 4\ln 4 - 4\sqrt{x}\,\Big|_1^4$$

$$= 4(\ln 4 - 1).$$

例 7 求 $\displaystyle\int_0^{\frac{\pi}{2}} x^2\cos x\,\mathrm{d}x$.

解 $\displaystyle\int_0^{\frac{\pi}{2}} x^2\cos x\,\mathrm{d}x = \int_0^{\frac{\pi}{2}} x^2\,\mathrm{d}(\sin x) = x^2\sin x\,\Big|_0^{\frac{\pi}{2}} - \int_0^{\frac{\pi}{2}} 2x\sin x\,\mathrm{d}x$

$$= \frac{\pi^2}{4} + 2\int_0^{\frac{\pi}{2}} x\,\mathrm{d}(\cos x)$$

$$= \frac{\pi^2}{4} + 2x\cos x\,\Big|_0^{\frac{\pi}{2}} - 2\int_0^{\frac{\pi}{2}} \cos x\,\mathrm{d}x$$

$$= \frac{\pi^2}{4} - 2\sin x\,\Big|_0^{\frac{\pi}{2}}$$

$$= \frac{\pi^2}{4} - 2.$$

习题 5.3

1. 求下列定积分：

(1) $\displaystyle\int_1^2 \frac{1}{(3x-1)^2}\mathrm{d}x$；

(2) $\displaystyle\int_{\frac{1}{\pi}}^{\frac{2}{\pi}} \frac{1}{x^2}\sin\frac{1}{x}\mathrm{d}x$；

(3) $\displaystyle\int_0^4 \frac{x+2}{\sqrt{2x+1}}\mathrm{d}x$；

(4) $\displaystyle\int_0^{\frac{\pi}{2}} \cos^5 x\sin x\,\mathrm{d}x$；

(5) $\displaystyle\int_0^{2\pi} \sin^7 x\,\mathrm{d}x$.

2. 设函数 $f(x)$ 在闭区间 $[-a,a]$ 上连续，证明

$$\int_{-a}^a f(x)\mathrm{d}x = \int_0^a [f(x)+f(-x)]\mathrm{d}x.$$

3. 求下列定积分：

(1) $\displaystyle\int_0^1 t^2\mathrm{e}^t\mathrm{d}t$；

（2）$\int_0^1 \ln(x+1)\mathrm{d}x$；

（3）$\int_0^{\frac{1}{2}} \arcsin x\mathrm{d}x$；

（4）$\int_0^1 x\mathrm{e}^{-x}\mathrm{d}x$；

（5）$\int_0^1 x\arctan x\mathrm{d}x$；

（6）$\int_0^{\frac{\pi}{2}} \mathrm{e}^x \sin x\mathrm{d}x$；

（7）$\int_{\frac{1}{e}}^{e} |\ln x|\mathrm{d}x$；

（8）$\int_{-1}^1 \left(\dfrac{x^{2023}}{x^{2022}+x^{2020}+1} + x^{2021}\sqrt{1-x^2} + \sqrt{1-x^2} \right)\mathrm{d}x$.

5.4　定积分的应用

定积分在几何学、物理学、经济学等方面都有广泛的应用,我们在介绍微元法后,通过窥"求平面图形的面积"一斑,而知"定积分应用"的全豹.

5.4.1　定积分的微元法

我们先来回忆一下第 5.1 节中讨论过的曲边梯形的面积问题,再给出微元法的概念.

用 S 表示由曲线 $y = f(x)(f(x) \geqslant 0)$,直线 $x = a$,$x = b$ 和 $y = 0$ 围成的平面图形的面积,则将 S 表示为定积分 $S = \int_a^b f(x)\mathrm{d}x$ 的方法和步骤是:

(1) 以大化小. 将曲边梯形分割为 n 个小曲边梯形,记第 i 个小曲边梯形的面积为 S_i,从而有:

$$S = \sum_{i=1}^n S_i.$$

(2) 以常代变. 以直线代替曲线,用高为常量的小矩形面积近似代替"高"变化的小曲边梯形面积,小矩形的面积为 $f(\xi_i)\Delta x_i$,则小曲边梯形的面积为:

$$S_i \approx f(\xi_i)\Delta x_i \quad (i = 1,2,\cdots,n).$$

(3) 求近似和. 求出小矩形面积之和,并用它近似代替小曲边梯形之和:

$$S = \sum_{i=1}^n S_i \approx \sum_{i=1}^n f(\xi_i)\Delta x_i.$$

(4) 求取极限. 即

$$S = \lim_{\lambda \to 0} \sum_{i=1}^n f(\xi_i)\Delta x_i = \int_a^b f(x)\mathrm{d}x \quad (\lambda = \max_{1 \leqslant i \leqslant n} \Delta x_i).$$

在上述四个步骤中,重点是第二步,这一步是要确定 S_i 的近似值 $f(\xi_i)\Delta x_i$.

在实际使用中,为了简便起见,如图 5-9 所示,常省略下标 i,用 ΔS 表示任一小区间 $[x,x+\Delta x]$ 上的小曲边梯形的面积. 这样就有:

$$S = \sum \Delta S.$$

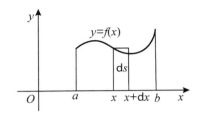

图 5-9

取 $[x, x+\Delta x]$ 的左端点 x 为 ξ,以点 x 处的函数值 $f(x)$ 为高、dx 为底的小矩形的面积 $f(x)dx$ 即为 ΔS 的近似值,即

$$\Delta S \approx f(x)dx.$$

上式右端 $f(x)dx$ 叫作面积微元,记为 $dS = f(x)dx$,于是面积 S 就是将这些微元在区间 $[a,b]$ 上"无限累加"的结果,即

$$S = \int_a^b dS = \int_a^b f(x)dx.$$

对于一般的定积分问题,所求量 S 的积分表达式可按以下步骤确定:

(1) 根据问题的具体情况,选定一个变量(例如 x)作为积分变量,确定它的变化区间 $[a,b]$.

(2) 找出 S 在 $[a,b]$ 内任意小区间 $[x, x+dx]$ 上,部分量 ΔS 的近似值

$$dS = f(x)dx,$$

这里 ΔS 与 $f(x)dx$ 相差一个比 dx 高阶的无穷小量.

(3) 将 dS 在 $[a,b]$ 上求定积分,即 S 的积分表达式为:

$$S = \int_a^b dS = \int_a^b f(x)dx.$$

这个方法通常称为**定积分的微元法**.一般具有可加性、连续分布的非均匀量的求和问题,都可以通过定积分的微元法加以解决.

5.4.2　用定积分求平面图形的面积

我们根据积分变量的选取方式,分两种情况来进行讨论.

情况 Ⅰ:设函数 $y = f(x), y = g(x)$ 在区间 $[a,b]$ 上为连续函数,且 $f(x) \geqslant g(x)$(见图 5-10).选取 x 为积分变量,则所围阴影部分面积 S 有:

面积微元:　$dS = [f(x) - g(x)]dx;$

面积:　　　$S = \int_a^b [f(x) - g(x)]dx.$

情况 Ⅱ:设函数 $x = \psi(y), x = \varphi(y)$ 在区间 $[c,d]$ 上为连续函数,且 $\psi(y) \geqslant \varphi(y)$(见图 5-11).选取 y 为积分变量,则所围阴影部分面积 S 有:

面积微元:　$dS = [\psi(y) - \varphi(y)]dy;$

面积：
$$S = \int_c^d [\psi(y) - \varphi(y)] \mathrm{d}y.$$

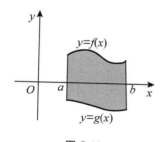

图 5-10

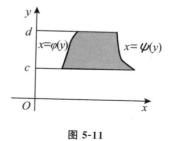

图 5-11

例 **1**　计算由曲线 $y = x^2$ 及直线 $y = x$ 围成的平面图形的面积.

解　曲线 $y = x^2$ 及直线 $y = x$ 所围平面图形如图 5-12 所示.

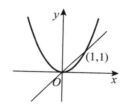

图 5-12

求出它们的交点，解方程组

$$\begin{cases} y = x^2, \\ y = x, \end{cases}$$

得

$$\begin{cases} x_1 = 0, \\ y_1 = 0, \end{cases} \quad \begin{cases} x_2 = 1, \\ y_2 = 1. \end{cases}$$

它们的交点为 $(0,0)$ 和 $(1,1)$.

利用情况 Ⅰ 进行求解：

令 $f(x) = x, g(x) = x^2$，则有：

面积微元：　$\mathrm{d}S = [f(x) - g(x)] \mathrm{d}x = (x - x^2) \mathrm{d}x$；

面积：　　　$\displaystyle S = \int_0^1 [f(x) - g(x)] \mathrm{d}x = \int_0^1 (x - x^2) \mathrm{d}x$

$$= \left(\frac{1}{2} x^2 - \frac{1}{3} x^3 \right) \Big|_0^1 = \frac{1}{6}.$$

此题也可以利用情况 Ⅱ 进行求解.

例 **2**　计算由抛物线 $y^2 = 2x$ 及直线 $x - y - 4 = 0$ 围成的平面图形的面积.

解　抛物线 $y^2 = 2x$ 及直线 $x - y - 4 = 0$ 所围平面图形如图 5-13 所示.

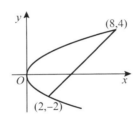

图 5-13

求出它们的交点,解方程组

$$\begin{cases} y^2 = 2x, \\ x - y - 4 = 0, \end{cases}$$

得

$$\begin{cases} x_1 = 2, \\ y_1 = -2, \end{cases} \quad \begin{cases} x_2 = 8, \\ y_2 = 4. \end{cases}$$

利用情况 Ⅱ 进行求解:

由 $x - y - 4 = 0$ 得 $x = y + 4$,令 $\psi(y) = y + 4$;

由 $y^2 = 2x$ 得 $x = \dfrac{1}{2}y^2$,令 $\varphi(y) = \dfrac{1}{2}y^2$.

面积微元: $\mathrm{d}S = \left[\psi(y) - \varphi(y)\right]\mathrm{d}y = \left(y + 4 - \dfrac{1}{2}y^2\right)\mathrm{d}y$;

面积:
$$S = \int_{-2}^{4}\left[\psi(y) - \varphi(y)\right]\mathrm{d}y = \int_{-2}^{4}\left(y + 4 - \dfrac{1}{2}y^2\right)\mathrm{d}y$$
$$= \left(\dfrac{y^2}{2} + 4y - \dfrac{y^3}{6}\right)\Big|_{-2}^{4} = 18.$$

此题也可以用情况 Ⅰ 进行求解,但是要分两部分求解,会复杂一些.

利用情况 Ⅰ 进行求解:

如图 5-14 所示,把 S 分成 S_1、S_2 两部分,其中 S_1 在 $x = 2$ 的左侧,S_2 在 $x = 2$ 的右侧.

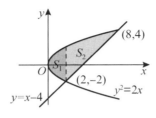

图 5-14

S_1 由抛物线 $y^2 = 2x$ 在 x 轴以上的一支 $y_1 = \sqrt{2x}$、在 x 轴以下的一支 $y_2 = -\sqrt{2x}$,以及直线 $x = 2$ 围成.

面积微元: $\mathrm{d}S_1 = \left[\sqrt{2x} - (-\sqrt{2x})\right]\mathrm{d}x$;

面积:
$$S_1 = \int_0^2 \left[\sqrt{2x} - (-\sqrt{2x}) \right] \mathrm{d}x$$
$$= 2\int_0^2 \sqrt{2x}\,\mathrm{d}x = 2\sqrt{2}\left(\frac{2}{3}x^{\frac{3}{2}} \right)\Big|_0^2 = \frac{16}{3}.$$

S_2 由抛物线 $y^2 = 2x$ 在 x 轴以上的一支 $y_1 = \sqrt{2x}$，直线 $x - y - 4 = 0$（即 $y = x - 4$）和 $x = 2$ 围成.

面积微元: $\mathrm{d}S_2 = \left[\sqrt{2x} - (x-4) \right]\mathrm{d}x$;

面积:
$$S_2 = \int_2^8 \left[\sqrt{2x} - (x-4) \right] \mathrm{d}x$$
$$= \left(\sqrt{2} \cdot \frac{2}{3}x^{\frac{3}{2}} - \frac{1}{2}x^2 + 4x \right)\Big|_2^8 = \frac{38}{3}.$$

综上可得:
$$S = S_1 + S_2 = \frac{16}{3} + \frac{38}{3} = 18.$$

从这个例子可以明显看出:积分变量选择恰当,是非常有助于计算方便的.

 习题 5.4

1.计算由两条抛物线 $y = x^2$, $y^2 = x$ 围成的平面图形的面积.

2.计算由抛物线 $y^2 = 2x$ 及圆 $x^2 + y^2 = 8$ 围成的平面图形的面积.

3.计算由直线 $y = x$, $y = 2$ 及曲线 $y = \dfrac{1}{x}$ 围成的平面图形的面积.

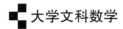

本章学习小结

参考文献

1.《党的二十大报告学习辅导百问》编写组.党的二十大报告学习辅导百问[M].北京:党建读物出版社,2022.

2.高等教育出版社.高等数学课件[M].北京:高等教育出版社,2000.

3.吉米多维奇.数学分析习题集(一)[M].济南:山东科学技术出版社,1980.

4.吉米多维奇.数学分析习题集(二)[M].济南:山东科学技术出版社,1980.

5.吉米多维奇.数学分析习题集(三)[M].济南:山东科学技术出版社,1979.

6.刘建军,付文军.高等数学[M].北京:北京理工大学出版社,2010.

7.苏德矿,应文隆.高等数学学习辅导讲义[M].杭州:浙江大学出版社,2015.

8.孙方裕,陈志国.文科高等数学[M].杭州:浙江大学出版社,2014.

9.舒绍福.德国精神[M].北京:当代世界出版社,2008.

10.同济大学数学系.高等数学(上册)[M].7版.北京:高等教育出版社,2014.

11.同济大学数学系.高等数学习题全解指南(上册)[M].7版.北京:高等教育出版社,2014.

12.《中学教师实用数学辞典》编写组.中学教师实用数学辞典[M].北京:北京科学技术出版社,1989.

13.张翠莲.高等数学:经管、文科类(上册)[M].北京:中国水利水电出版社,2015.

14.张国楚,徐本顺,李祎.大学文科数学[M].北京:高等教育出版社,2002.

15.赵红革,颜勇.高等数学[M].修订本.北京:北京交通大学出版社,2008.

16.朱来义.微积分[M].2版.北京:高等教育出版社,2003.

17.张燕波.牛顿[M].北京:中国青年出版社,2021.

附录一 常用初等数学公式

一、代数部分

1. $a^m \cdot a^n = a^{m+n}$.

2. $(a^m)^n = a^{mn}$.

3. $(ab)^n = a^n \cdot b^n$.

4. $a^2 - b^2 = (a+b)(a-b)$.

5. $(a \pm b)^2 = a^2 \pm 2ab + b^2$.

6. $a^3 + b^3 = (a+b)(a^2 - ab + b^2)$.

7. $a^3 - b^3 = (a-b)(a^2 + ab + b^2)$.

8. $(a \pm b)^3 = a^3 \pm 3a^2 b + 3ab^2 \pm b^3$.

9. $a^m \div a^n = a^{m-n} \quad (a \neq 0)$.

10. $\left(\dfrac{a}{b}\right)^n = \dfrac{a^n}{b^n}$.

11. $\sqrt[n]{ab} = \sqrt[n]{a} \cdot \sqrt[n]{b} \quad (a \geqslant 0, b \geqslant 0)$.

12. $\sqrt[n]{\dfrac{a}{b}} = \dfrac{\sqrt[n]{a}}{\sqrt[n]{b}} \quad (a \geqslant 0, b > 0)$.

13. $(\sqrt[n]{a})^m = \sqrt[n]{a^m} \quad (a \geqslant 0)$.

14. $\sqrt[m]{\sqrt[n]{a}} = \sqrt[mn]{a} \quad (a \geqslant 0)$.

15. $\log_a(MN) = \log_a M + \log_a N \quad (a > 0, a \neq 1, M > 0, N > 0)$.

16. $\log_a \dfrac{M}{N} = \log_a M - \log_a N \quad (a > 0, a \neq 1, M > 0, N > 0)$.

17. $\log_a M^n = n \log_a M \quad (a > 0, a \neq 1, M > 0)$.

18. $\log_a \sqrt[n]{M} = \dfrac{1}{n} \log_a M \quad (a > 0, a \neq 1, M > 0)$.

19. $a^{\log_a N} = N \quad (a > 0, a \neq 1, N > 0)$.

20. $\log_a b = \dfrac{\log_c b}{\log_c a} \quad (a > 0, a \neq 1, c > 0, c \neq 1, b > 0)$.

21. 等差数列前 n 项之和 $S_n = \dfrac{n(a_1 + a_n)}{2} = na_1 + \dfrac{n(n-1)}{2}d$.

22. 等比数列前 n 项之和 $S_n = \begin{cases} na_1, & q = 1, \\ \dfrac{a_1(1-q^n)}{1-q}, & q \neq 1. \end{cases}$

二、平面三角部分

（一）同角三角函数基本关系式

1. $\sin\alpha \cdot \csc\alpha = 1.$

2. $\cos\alpha \cdot \sec\alpha = 1.$

3. $\tan\alpha \cdot \cot\alpha = 1.$

4. $\tan\alpha = \dfrac{\sin\alpha}{\cos\alpha}.$

5. $\cot\alpha = \dfrac{\cos\alpha}{\sin\alpha}.$

6. $\sin^2\alpha + \cos^2\alpha = 1.$

7. $1 + \tan^2\alpha = \sec^2\alpha.$

8. $1 + \cot^2\alpha = \csc^2\alpha.$

（二）两角和与差的三角函数

1. $\sin(\alpha \pm \beta) = \sin\alpha\cos\beta \pm \cos\alpha\sin\beta.$

2. $\cos(\alpha \pm \beta) = \cos\alpha\cos\beta \mp \sin\alpha\sin\beta.$

3. $\tan(\alpha \pm \beta) = \dfrac{\tan\alpha \pm \tan\beta}{1 \mp \tan\alpha\tan\beta}.$

4. $\cot(\alpha \pm \beta) = \dfrac{\cot\alpha\cot\beta \mp 1}{\cot\alpha \pm \cot\beta}.$

（三）二倍角公式

1. $\sin 2\alpha = 2\sin\alpha\cos\alpha.$

2. $\cos 2\alpha = \cos^2\alpha - \sin^2\alpha = 2\cos^2\alpha - 1 = 1 - 2\sin^2\alpha.$

3. $\tan 2\alpha = \dfrac{2\tan\alpha}{1 - \tan^2\alpha}.$

4. $\cot 2\alpha = \dfrac{\cot^2\alpha - 1}{2\cot\alpha}.$

（四）半角公式

1. $\sin\dfrac{\alpha}{2} = \pm\sqrt{\dfrac{1 - \cos\alpha}{2}}.$

2. $\cos\dfrac{\alpha}{2} = \pm\sqrt{\dfrac{1 + \cos\alpha}{2}}.$

3. $\tan \dfrac{\alpha}{2} = \dfrac{\sin\alpha}{1+\cos\alpha} = \dfrac{1-\cos\alpha}{\sin\alpha} = \pm\sqrt{\dfrac{1-\cos\alpha}{1+\cos\alpha}}$.

4. $\cot \dfrac{\alpha}{2} = \dfrac{1+\cos\alpha}{\sin\alpha} = \dfrac{\sin\alpha}{1-\cos\alpha} = \pm\sqrt{\dfrac{1+\cos\alpha}{1-\cos\alpha}}$.

（五）三角函数的积化和差

1. $\sin\alpha \cdot \cos\beta = \dfrac{1}{2}\big[\sin(\alpha+\beta) + \sin(\alpha-\beta)\big]$.

2. $\cos\alpha \cdot \sin\beta = \dfrac{1}{2}\big[\sin(\alpha+\beta) - \sin(\alpha-\beta)\big]$.

3. $\cos\alpha \cdot \cos\beta = \dfrac{1}{2}\big[\cos(\alpha+\beta) + \cos(\alpha-\beta)\big]$.

4. $\sin\alpha \cdot \sin\beta = -\dfrac{1}{2}\big[\cos(\alpha+\beta) - \cos(\alpha-\beta)\big]$.

（六）三角函数的和差化积

1. $\sin\alpha + \sin\beta = 2\sin\dfrac{\alpha+\beta}{2}\cos\dfrac{\alpha-\beta}{2}$.

2. $\sin\alpha - \sin\beta = 2\cos\dfrac{\alpha+\beta}{2}\sin\dfrac{\alpha-\beta}{2}$.

3. $\cos\alpha + \cos\beta = 2\cos\dfrac{\alpha+\beta}{2}\cos\dfrac{\alpha-\beta}{2}$.

4. $\cos\alpha - \cos\beta = -2\sin\dfrac{\alpha+\beta}{2}\sin\dfrac{\alpha-\beta}{2}$.

附录二　基本导数公式

1. $(C)' = 0$.

2. $(x^{\mu})' = \mu x^{\mu-1}$　（μ 为任意实数）.

3. $(a^x)' = a^x \ln a$　（$a > 0, a \neq 1$）.

4. $(e^x)' = e^x$.

5. $(\log_a x)' = \dfrac{1}{x \ln a}$　（$a > 0, a \neq 1, x > 0$）.

6. $(\ln x)' = \dfrac{1}{x}$　（$x > 0$）.

7. $(\sin x)' = \cos x$.

8. $(\cos x)' = - \sin x$.

9. $(\tan x)' = \sec^2 x$.

10. $(\cot x)' = - \csc^2 x$.

11. $(\sec x)' = \sec x \cdot \tan x$.

12. $(\csc x)' = - \csc x \cdot \cot x$.

13. $(\arcsin x)' = \dfrac{1}{\sqrt{1 - x^2}}$.

14. $(\arccos x)' = - \dfrac{1}{\sqrt{1 - x^2}}$.

15. $(\arctan x)' = \dfrac{1}{1 + x^2}$.

16. $(\text{arccot} x)' = - \dfrac{1}{1 + x^2}$.

附录三　　不定积分公式

1. $\int k \mathrm{d}x = kx + C$　（k 是常数）.

2. $\int x^\mu \mathrm{d}x = \dfrac{x^{\mu+1}}{\mu+1} + C$　（$\mu \neq -1$）.

3. $\int a^x \mathrm{d}x = \dfrac{a^x}{\ln a} + C$.

4. $\int \mathrm{e}^x \mathrm{d}x = \mathrm{e}^x + C$.

5. $\int \dfrac{\mathrm{d}x}{x} = \ln |x| + C$.

6. $\int \cos x \mathrm{d}x = \sin x + C$.

7. $\int \sin x \mathrm{d}x = -\cos x + C$.

8. $\int \dfrac{\mathrm{d}x}{\cos^2 x} = \int \sec^2 x \mathrm{d}x = \tan x + C$.

9. $\int \dfrac{\mathrm{d}x}{\sin^2 x} = \int \csc^2 x \mathrm{d}x = -\cot x + C$.

10. $\int \sec x \tan x \mathrm{d}x = \sec x + C$.

11. $\int \csc x \cot x \mathrm{d}x = -\csc x + C$.

12. $\int \dfrac{\mathrm{d}x}{\sqrt{1-x^2}} = \arcsin x + C$.

13. $\int \dfrac{\mathrm{d}x}{1+x^2} = \arctan x + C$.

14. $\int \tan x \mathrm{d}x = -\ln|\cos x| + C$.

15. $\int \cot x \mathrm{d}x = \ln|\sin x| + C$.

16. $\int \sec x \mathrm{d}x = \ln|\sec x + \tan x| + C$.

17. $\int \csc x \mathrm{d}x = \ln|\csc x - \cot x| + C$.

18. $\displaystyle\int \frac{\mathrm{d}x}{a^2+x^2} = \frac{1}{a}\arctan \frac{x}{a}+C \quad (a>0)$.

19. $\displaystyle\int \frac{\mathrm{d}x}{\sqrt{a^2-x^2}} = \arcsin \frac{x}{a}+C \quad (a>0)$.

20. $\displaystyle\int \frac{\mathrm{d}x}{x^2-a^2} = \frac{1}{2a}\ln\left|\frac{x-a}{x+a}\right|+C \quad (a>0)$.

21. $\displaystyle\int \sqrt{a^2-x^2}\,\mathrm{d}x = \frac{a^2}{2}\arcsin \frac{x}{a} + \frac{1}{2}x\sqrt{a^2-x^2}+C \quad (a>0)$.

22. $\displaystyle\int \frac{1}{\sqrt{x^2+a^2}}\mathrm{d}x = \ln\left|x+\sqrt{x^2+a^2}\right|+C \quad (a>0)$.

23. $\displaystyle\int \frac{1}{\sqrt{x^2-a^2}}\mathrm{d}x = \ln\left|x+\sqrt{x^2-a^2}\right|+C \quad (a>0)$.